兰州大学110周年校庆纪念文库

河西走廊常见植物图谱
Atlas of Common Plants in Hexi Corridor

徐世健　潘建斌　安黎哲　编著

科学出版社

北 京

内 容 简 介

　　河西走廊是位于我国西北甘肃省境内的狭长走廊。受大陆性干旱气候和强烈风蚀作用，形成了河西走廊特殊的干旱区荒漠植被类型，其荒漠植物具有典型代表性。图谱收集整理了以河西走廊典型荒漠植物为主，同时兼顾部分绿洲植物共 365 种，隶属 59 科 209 属。每种植物配有关键识别特征的彩色图片和重点识别特征的文字描述，并对分布环境和资源利用做了简明介绍。使用者既可以根据文字描述也可以根据图片直观地对植物进行鉴定，实用性强。

　　本书对开展与荒漠植物相关的科学研究、科普宣传、旅游及教学实训具有重要的参考价值。

图书在版编目（CIP）数据

　　河西走廊常见植物图谱 / 徐世健，潘建斌，安黎哲编著 .
—北京：科学出版社，2019.11
　　（兰州大学 110 周年校庆纪念文库）
　　ISBN 978-7-03-062166-5

　　Ⅰ . ①河… Ⅱ . ①徐… ②潘… ③安… Ⅲ . ①河西走廊—植物—图谱
Ⅳ . ① Q948.524.2–64

　　中国版本图书馆 CIP 数据核字（2019）第 179085 号

责任编辑：岳漫宇 / 责任校对：郑金红
责任印制：肖　兴 / 封面设计：黄华斌

科 学 出 版 社 出版
北京东黄城根北街 16 号
邮政编码：100717
http://www.sciencep.com

北京九天鸿程印刷有限责任公司 印刷
科学出版社发行　各地新华书店经销
*
2019 年 11 月第 一 版　　开本：720×1000　1/16
2019 年 11 月第 一 次印刷　印张：25
字数：499 000
定价：398.00 元
（如有印装质量问题，我社负责调换）

丛　书　序

　　萃英立根本，昆仑写精神。2019 年 9 月 17 日，兰州大学将迎来 110 周年校庆。百十年来，一代代兰大人与国家、民族同呼吸、共命运，屹立西部大地，蕴育时代精英，为世界、为祖国培养了一大批活跃在各行各业的优秀人才，有力地支持了国家特别是祖国西部地区的建设发展。

　　长期以来，兰州大学始终坚持正确办学方向，落实立德树人根本任务，立足地域特色，发挥科研优势，深度融入参与国家发展战略，主动对接服务地方经济社会发展，"将论文写在中国大地上"，赢得了国内外的广泛认可；熔铸成以"自强不息，独树一帜"为核心的兰大精神，形成了"勤奋，求实，创新"的良好学风，探索走出了一条在西部地区创办高水平大学的成功之路，为中国高校扎根祖国大地创办世界一流大学提供了重要借鉴。

　　值 110 周年校庆之际，我校策划组织出版《兰州大学 110 周年校庆纪念文库》，旨在展现奋战在教学科研一线的兰大人的家国情怀、理论思考和学术积累。丛书作者中有致力于教书育人的教学名师，也有在科研一线硕果累累的科学大家，更有长期坚守在教学科研一线、受学生爱戴的"普通"教师。丛书内容丰富，涵盖理、工、农、医、人文、社科等诸多学科，其中观点颇多见解。恕我才识单调，难以一一点评。在此，谨付梓以供学界参考指正。

　　新时代新起点，所有兰大人将汇聚成推动兰州大学事业蓬勃发展的强大合力。面向未来，全体兰大人将继续坚守奋斗，以矢志不渝的信念、时不我待的精神、担当奉献的情怀投身中国特色世界一流大学建设，为实现中华民族伟大复兴贡献兰大力量！

　　是为序。

严纯华

2019 年 3 月 26 日

序

　　"河西走廊"是名闻遐迩的古丝绸之路上的关键驿站，是我国通往中亚各国的快捷通道，也是贯彻习近平总书记一带一路思想、实现人类命运共同体战略目标的重要桥梁。同时，河西走廊还是我国建设最早和最重要的航空航天基地，是我国乃至世界最大的镍和镍基合金及铂族稀贵金属的生产基地。走廊的绿洲盛产啤酒大麦、啤酒花、酿造葡萄、白兰瓜、籽瓜等多种名优特农产品；走廊的荒漠区还分布有肉苁蓉、锁阳和甘草等重要名贵药材。

　　但是，河西走廊地区远离大海大洋，深居亚洲大陆的腹地；地处青藏高原和蒙新高原的交接地带，南线是绵延千里的祁连山脉，北部有合黎山和龙首山等。受地理位置和地形地貌的影响，形成了特殊的气候和生态环境；蒸发量是降水量的4-24倍，大气干燥，荒漠戈壁面积远大于绿洲面积，植被稀疏，生态脆弱。解放后特别是近年来虽然加大了植树造林的力度，但其生态环境问题亦然相当严峻。据考察研究，该地区仍然是我国沙尘暴最严重的起源地之一。另一方面，在这种特殊气候和生态环境的长期作用下，也演化形成了一些超旱生的植物种类，他们是自然界给我们的宝贵财富。

　　徐世健及其团队的许多成员，长期以来从事我国西北干旱区的生态环境和植物物种多样性研究，采集、累积了丰富的超旱生植物标本和影像资料。在此基础上，编著了这部《河西走廊常见植物图谱》，无疑它是一本很实用的好书。应该强调的是该团队成员的专业结构合理、专业基础知识扎实，图谱实用，可以满足不同层次植物学工作者的需求。

　　我衷心祝贺该书的编辑出版，并相信该书的问世将会在河西走廊生态文明建设的进程中起到非常积极的作用。

廉永善

2019 年 10 月 18 日

前　　言

　　河西走廊是甘肃西北部的狭长堆积平原，东起乌鞘岭，西至古玉门关，南北介于祁连山 - 阿尔金山和马鬃山 - 合黎山 - 龙首山间，东西长约 1100 公里，南北宽数公里至百余公里，总面积约 11.1 万平方公里，一般海拔 1500 米左右。形如走廊，并因其位于黄河以西，故得名河西走廊。在行政区划上，河西走廊包括甘肃省的武威、金昌、张掖、酒泉、嘉峪关五个地级市。受大陆性干旱气候影响，河西走廊自东而西降水量渐少，许多地方年降水量不足 200 毫米，气候干燥，冷热变化剧烈，加之强烈的风力作用，戈壁和沙漠广泛分布，尤以嘉峪关以西戈壁面积广大。但祁连山丰富的冰雪融水形成了石羊河、黑河和疏勒河三大内流水系。这些内流水系大部分渗入地下形成潜流，或被绿洲利用灌溉，或在低洼地区溢出蒸发，形成广泛分布的盐渍土，或注入终端湖。因而在河西走廊，戈壁、沙漠、绿洲和盐化草甸，共同造就了河西走廊典型而特殊的植物多样性特征。戈壁环境下主要有珍珠猪毛菜、红砂、泡泡刺、霸王、裸果木等植物，沙漠地区常见有沙拐枣、白刺、油蒿、沙米、沙芥等，盐化生境则分布有盐爪爪、芦苇、骆驼刺等植物，绿洲中则以生态防护林和农作物经济作物为主。

　　本图谱收集了河西走廊沙漠、戈壁、盐渍化环境及绿洲中 59 科 209 属 365 种常见植物。其中裸子植物按郑万钧分类系统（《中国植物志》第七卷）排列，被子植物采用被子植物系统发育研究组分类系统（Angiosperm Phylogeny Group，APG Ⅲ 系统）排列，科内种的顺序按拉丁学名字母顺序排列。采用的中文名和拉丁学名以《中国植物志》和"中国植物物种信息数据库"（http://db.kib.ac.cn/）为依据，英文名主要参考美国农业部网站（http://www.usda.gov/）和《新编拉汉英植物名称》。对于每一种植物，即有其关键识别特征的文字描述，便于读者按文字描述进行比对，也编排了从生境到花、果、叶等器官关键识别特征的植物图片，便于按图索骥，方便有一定专业基础的科技工作者和管理人员及对植物感兴趣的旅游、探险者使用。

　　本图谱是基于我们多年科研和教学实践活动积累资料的基础上整理而成。在本书编辑过程中，兰州大学的冯虎元教授、河西学院的张勇教授、高海宁副教授对全书进行了审稿并提出了宝贵的建设性意见；兰州大学生命科学学院的多届参加野外实习的师生们，特别是蒲训、盛红梅、陈书燕、史小明、何文亮、田晓柱及彭振玲、王立龙、於婷等提供了部分照片；在图片采集过程中，兰州大学瓜州荒漠生态系统科学观测站邓建明教授、安西极旱荒漠国家级自然保护区王亮研究员、甘肃省治沙研究所纪永福研究员和李昌龙研究员、甘肃省祁连山水源涵养林研究院刘贤德研究员、祁连山国家级自然保护区管理局徐柏林高级工程师为野外考察提供了便利和大力支持；生态环境部南京环境科学研究所陈水飞博士在图谱编辑中提出了宝贵的建议；李萌茹在图片处理和文字整理中做了大量而细致的工作，科学出版社的岳漫宇等编辑对图谱进行了科学而极其专业、细致的编校工作，在此一并表示深深的谢意！

本图谱得到国家基础学科人才培养基金、国家重点基础研究发展计划（973 计划，2013CB429904）、兰州大学中央高校基本科研业务费、生态环境部南京环境科学研究所民勤县野生高等植物和植被类型调查、国家标本平台教学标本子平台（2005DKA21403-JK）等项目共同资助。

受作者水平限制和编著时间仓促，错误、疏漏之处在所难免，恳请读者批评指正。

编　者

2019 年 6 月

目　　录

松科 Pinaceae

云杉属

青海云杉 *Picea crassifolia*

别　　名：泡松

英 文 名：Qinghai spruce

形态特征：乔木，高达 20 米；一年生嫩枝淡绿黄色，二年生小枝粉红色或淡褐黄色，通常有明显或微明显的白粉（尤以叶枕顶端的白粉显著），老枝呈褐色或灰褐色；叶较粗，四棱状条形，近辐射伸展，先端钝，横切面四棱形。球果圆柱形或矩圆状圆柱形。花期4～5月，球果9～10月成熟。

生　　境：山地阴坡和半阴坡及潮湿谷地。

地理分布：中国特有树种。河西走廊山地、宁夏山区。河西走廊地区城镇有栽培。

资源利用：高山造林，庭院绿化及观赏。

青扦 *Picea wilsonii*

别　　名：华北云杉、刺儿松、方叶杉
英 文 名：Wilson spruce
形态特征：乔木，高达 50 米；树皮灰色或暗灰色，裂成不规则鳞状块片脱落；枝条近平展，树冠塔形；一年生枝淡黄绿色或淡黄灰色，二、三年生枝灰色或淡褐灰色。叶排列较密，四棱状条形，较短，先端尖，微具白粉。球果卵状圆柱形或圆柱状长卵圆形，熟时黄褐色或淡褐色。花期 4 月，球果 10 月成熟。
生　　境：排水良好的微酸性地带。
地理分布：中国特有树种。内蒙古、河北、山西、甘肃、山东等。本区城镇公园有栽培。
资源利用：景观绿化，水源涵养，材用。

松属

 樟子松 *Pinus sylvestris* var. *mongolica*

别　　名：海拉尔松、蒙古赤松
英 文 名：Mongolian scotch pine
形态特征：乔木，高达 25 米；树皮
　　　厚，树干下部灰褐色或黑褐
　　　色，深裂成不规则的鳞状块
　　　片脱落，上部树皮及枝皮黄
　　　色至褐黄色，裂成薄片脱
　　　落；枝斜展或平展；一年生
　　　枝淡黄褐色，无毛。2 针一
　　　束，常扭曲；叶鞘基部黑

褐色。雄球花圆柱状卵圆形，聚生于新枝下部；雌球花有短梗，淡紫褐
色。球果卵圆形或长卵圆形。花期 5 ~ 6 月，球果翌年 9 ~ 10 月成熟。
生　　境：沙地及石砾质沙地、固定及半固定沙丘。
地理分布：大兴安岭山地及海拉尔以西、以南沙区环境。民勤沙生植物园有引种。
资源利用：材用，防风固沙，水土保持。

油松 *Pinus tabuliformis*

别　　名： 短叶松、红皮松

英 文 名： Chinese pine

形态特征： 乔木，高达 25 米；树皮灰褐色或褐灰色，裂成不规则较厚的鳞状块片，裂缝及上部树皮红褐色；枝平展或向下斜展，老树树冠平顶。2针一束，粗硬，边缘有细锯齿。雄球花圆柱形，在新枝下部聚生成穗状。球果卵形或圆卵形，有短梗，向下弯垂，熟时淡黄色或淡褐黄色，常宿存于树上数年之久。花期4 ~ 5 月，球果翌年 10 月成熟。

生　　境： 海拔 100 ~ 2600 米地带，多成单纯林。

地理分布： 中国特有树种。东北、华中、西北和西南等。本区有栽培。

资源利用： 材用，防风固沙，药用（舒筋、止血）。

柏科 Cupressaceae

刺柏属

 杜松 *Juniperus rigida*

别　　名：刚桧

英 文 名：Temple juniper

形态特征：灌木或小乔木，高达 10 米；枝条直展，形成塔形或圆柱形的树冠，枝皮褐灰色，纵裂；小枝下垂，幼枝三棱形，无毛。三叶轮生，条状刺形，坚硬，上部渐窄，先端锐尖，上面凹下成深槽，槽内有 1 条窄白粉带，下面有明显的纵脊。雄球花椭圆状。球果圆球形，成熟前紫褐色，熟时淡褐黑色或蓝黑色，常被白粉。

生　　境：较干燥山地。

地理分布：东北、华北、西北。本区有栽培。

资源利用：改良土壤，水土保持，观赏。

侧柏属

侧柏 *Platycladus orientalis*

别　　名：黄柏、香柏、扁柏、扁桧

英 文 名：Oriental arborvitae

形态特征：乔木，高达 20 余米；树皮薄，浅灰褐色，纵裂成条片；枝条向上伸展或斜展，幼树树冠卵状尖塔形，老树树冠则为广圆形。叶鳞形，先端微钝。雄球花黄色，卵圆形；雌球花近球形，蓝绿色，被白粉。球果近卵圆形，成熟前近肉质，蓝绿色被白粉，成熟后木质，开裂，红褐色。花期 3 ~ 4 月，球果 10 月成熟。

生　　境：多种土壤环境。

地理分布：我国特有树种。全国广布。本区多地有栽培。

资源利用：绿化，材用，药用（收敛止血、利尿健胃、解毒散瘀）。

圆柏属

 圆柏 *Sabina chinensis*

别　　名： 刺柏、柏树、桧、桧柏
英 文 名： China savin
形态特征： 乔木，高达 20 米；树皮深灰色，纵裂成条片；幼树枝条常斜上伸展，形成尖塔形树冠，老树下部大枝平展，形成广圆形的树冠。叶二型；刺叶生于幼树之上，老龄树则全为鳞叶，壮龄树兼有刺叶与鳞叶；鳞叶三叶轮生；刺叶三叶交互轮生，披针形，有 2 条白粉带。球果近圆球形，熟时暗褐色，有 1 ~ 4 粒种子。

生　　境： 山地。
地理分布： 陕西、甘肃、四川、新疆、青海等。本区多地有栽培。
资源利用： 观赏，防护林，材用，药用（祛风散寒、活血消肿、利尿）。

祁连圆柏 *Sabina przewalskii*

别　　名：陇东圆柏、蒙古圆柏、柴达木圆柏

英 文 名：Qilian juniper

形态特征：常绿乔木，高达 12 米；树干直或略扭，树皮裂成条片脱落；枝条开展或直伸；小枝不下垂。幼树叶常全为刺叶，壮龄树上兼有刺叶与鳞叶，大或老树则几全为鳞叶；鳞叶交互对生，刺叶 3 枚交互轮生。雌雄同株，雄球花卵圆形。球果卵圆形或近圆球形，成熟前绿色微具白粉，熟后蓝褐色、蓝黑色或黑色，内含 1 粒种子。

生　　境：半干旱山地、山前平原。

地理分布：中国特有树种。青海、甘肃、四川北部。本区多地有栽培。

资源利用：造林。

叉子圆柏 *Sabina vulgaris*

别　　名： 沙地柏、砂地柏、爬地柏、臭柏

英 文 名： Cover shame

形态特征： 匍匐灌木，高不及 1 米；枝密，斜上伸展，枝皮灰褐色，裂成薄片脱落；一年生枝的分枝皆为圆柱形。叶二型：刺叶常生于幼树上，交互对生或兼有三叶交叉轮生；鳞叶交互对生。雄

球花椭圆形或矩圆形；雌球花曲垂或初期直立而随后俯垂。球果熟前蓝绿色，熟时褐色至紫蓝色或黑色，多少有白粉，内含 2 ~ 3 粒种子。

生　　境： 固定或半固定沙地、山前冲积平原、草坡、多石山坡。

地理分布： 西北。本区有栽培。

资源利用： 水土保持，固沙造林，庭院绿化。

麻黄科 Ephedraceae

麻黄属

木贼麻黄 *Ephedra equisetina*

别　　名：木麻黄、山麻黄

英 文 名：Mongolian ephedra

形态特征：直立小灌木，高达 1 米，木质茎粗长，直立；小枝细，节间短，常被白粉呈蓝绿色或灰绿色。叶 2 裂，褐色，大部合生，裂片短三角形。雄球花单生或 3 ~ 4 朵集生于节上；雌球花常 2 个对生于节上，苞片 3 对，最上 1 对苞片约 2/3 合生。雌球花成熟时肉质红色，长卵圆形或卵圆形；种子通常 1 粒。花期 6 ~ 7 月，种子 8 ~ 9 月成熟。

生　　境：干旱区山脊及岩壁。

地理分布：河北、山西、内蒙古、陕西、甘肃及新疆等。

资源利用：干旱区绿化，药用（镇咳、止喘及发汗）；有小毒。

中麻黄 *Ephedra intermedia*

英 文 名：Intermediate ephedra

形态特征：灌木，高可达 1 米；茎直立
或匍匐斜上，粗壮，基部分
枝多；绿色小枝常被白粉
呈灰绿色。叶 3 裂及 2 裂
混见，下部约 2/3 合生成鞘
状。雄球花常无梗；雌球
花 2～3 成簇。雌球花成熟
时肉质红色；种子包于肉质
红色的苞片内，不外露，
2～3 粒。花期 5～6 月，
种子 7～8 月成熟。

生　　境：干旱荒漠、沙滩、山坡或草地。

地理分布：全国广布，西北常见。

资源利用：荒漠化防治，盐碱地改造，药用（平喘、利水消肿）。

单子麻黄 *Ephedra monosperma*

别　　名：小麻黄

英 文 名：One seed ephedra

形态特征：草本状矮小灌木，高 5 ~ 15 厘米；木质茎短小，多分枝，弯曲并有节结状突起，皮多呈褐红色；绿色小枝稍开展。叶 2 枚对生，膜质鞘状，下部 1/3 ~ 1/2 合生，裂片短三角形。雌球花成熟时肉质红色，微被白粉，卵圆形或矩圆状卵圆形；种子外露，多为 1 粒，无光泽。花期 6 月，种子 8 月成熟。

生　　境：山坡石缝中或林木稀少的干燥地区。

地理分布：西北、河北、山西、内蒙古、四川、西藏。

资源利用：药用（发汗、止咳平喘）。

膜果麻黄 *Ephedra przewalskii*

英 文 名： Przewalsk ephedra

形态特征： 灌木，可达 2.5 米；木质茎明显，茎皮灰黄色或灰白色，纵裂成窄椭圆形网眼；老枝黄绿色，小枝绿色，2 ~ 3 枝生于节上，分枝基部再生小枝，形成假轮生状。叶通常 3 裂并有少数 2 裂混生，裂片三角形。球花常无梗；雄球花淡褐色或褐黄色，雌球花淡绿褐色或淡红褐色。雌球花成熟时苞片增大成干燥半透明的薄膜状，淡棕色；种子通常 3 粒。

生　　境： 沙漠、干旱山麓地区，常组成大面积群落。

地理分布： 内蒙古、宁夏、甘肃、青海、新疆。

资源利用： 防风固沙，薪材。

草麻黄 *Ephedra sinica*

别　　名：麻黄、华麻黄

英 文 名：Chinese ephedrae

形态特征：草本状灌木，高 20 ～ 40 厘米；木质茎短或呈匍匐状。叶 2 裂，裂片锐三角形。雄球花多呈复穗状，苞片通常 4 对；雌球花单生，在幼枝上顶生，在老枝上腋生。雌球花成熟时肉质红色；种子常 2 粒，包于苞片内。花期 5 ～ 6 月，种子 8 ～ 9 月成熟。

生　　境：山坡、平原、干燥荒地、河床及草原。

地理分布：北方广布。

资源利用：药用（发汗散寒、宣肺平喘、利水消肿）。

泽泻科 Alismataceae

泽泻属

东方泽泻 *Alisma orientale*

英 文 名： Water plantain

形态特征： 多年生水生或沼生草本。叶多数；挺水叶宽披针形、椭圆形，叶脉 5 ~ 7 条。花葶高 35 ~ 90 厘米。花序具 3 ~ 9 轮分枝，每轮分枝 3 ~ 9；花两性；花梗不等长；外轮花被片卵形具 5 ~ 7 脉，内轮花被片比外轮大，白色、淡红色、边缘波状。瘦果椭圆形，背部具 1 ~ 2 条浅沟。种子紫红色。花果期 5 ~ 9 月。

生　　境： 湖泊、水塘、沟渠、沼泽。

地理分布： 温带广布。

资源利用： 观赏，块茎药用（治疗肾盂肾炎等）。

水麦冬科 Juncaginaceae

水麦冬属

水麦冬 *Triglochin palustre*

英 文 名：Arrow podgrass

形态特征：多年生湿生草本，植株弱小。根茎短。叶全部基生，条形，先端钝，两侧鞘缘膜质。花葶细长，直立，圆柱形；总状花序，花排列较疏散，无苞片；花被片6，绿紫色；雄蕊6；雌蕊由3个合生心皮组成，柱头毛笔状。蒴果棒状条形，成熟时自下至上呈3瓣开裂，仅顶部联合。花果期6~10月。

生　　境：咸湿地或浅水处。

地理分布：东北、华北、西北、西南。

资源利用：饲用，观赏，药用（消炎、止泻）。

眼子菜科 Potamogetonaceae

眼子菜属

 穿叶眼子菜 *Potamogeton perfoliatus*

英 文 名： Richardson's pondweed

形态特征： 多年生沉水草本，具发达的根茎。根茎白色，节处生有须根。茎圆柱形，上部多分枝。叶卵形、卵状披针形或卵状圆形，无柄，先端钝圆，基部心形，呈耳状抱茎，边缘波状，常具极细微的齿；基出 3 脉或 5 脉，弧形，顶端连接。穗状花序顶生，具花 4 ~ 7 轮；花小，花被片 4，淡绿色或绿色；雌蕊 4，离生。花果期 5 ~ 10 月。

生　　境： 湖泊、池塘、河流等微酸至中性水体。

地理分布： 东北、华北、西北及西南。

资源利用： 药用（清热解毒、利尿、消积）。

兰科 Orchidaceae

火烧兰属

火烧兰 *Epipactis helleborine*

别　　名：小花火烧兰

英 文 名：Broad leaf helleborine

形态特征：地生草本，高 20 ～ 70 厘米；根状茎粗短。茎上部被短柔毛，下部无毛，具 2 ～ 3 枚鳞片状鞘。叶 4 ～ 7，互生。总状花序具 3 ～ 40 小花；花苞片叶状；花绿色或淡紫色，下垂，较小；花瓣椭圆形；唇瓣中部明显缢缩；下唇兜状。蒴果。花期 7 月，果期 9 月。

生　　境：山坡林下、草丛或沟边。

地理分布：辽宁、河北、山西、陕西、甘肃、青海、新疆等。

资源利用：观赏，药用（清热解毒、化痰止咳）。

绶草属

 绶草 *Spiranthes sinensis*

英 文 名： Chinese lady's tresses

形态特征： 植株高 13 ~ 30 厘米。根数条，指状簇生于茎基部。茎较短，近基部生 2 ~ 5 枚宽线形叶；叶直立伸展，基部收狭具柄状抱茎的鞘。总状花序具多数密生的花，呈螺旋状扭转；花苞片卵状披针形；子房纺锤形，扭转；花小，紫红色、粉红色或白色。花期 7 ~ 8 月。

生　　境： 山坡林下、灌丛下、草地或河滩沼泽草甸。

地理分布： 全国各地。

资源利用： 观赏，药用（滋阴益气、凉血解毒）。

鸢尾科 Iridaceae

鸢尾属

 马蔺 *Iris lactea* var. *chinensis*

别　　名：马莲、兰花草

英 文 名：Chinese iris

形态特征：多年生密丛草本。根状茎粗壮，外包有大量致密的红紫色折断的老叶残留叶鞘及毛发状的纤维。叶基生，坚韧，灰绿色。苞片3~5，草质，绿色，边缘白色；花浅蓝色、蓝色或蓝紫色，花被上有较深色的条纹；花药黄色，花丝白色。蒴果长椭圆状柱形，顶端有短喙；种子为不规则的多面体，棕褐色，略有光泽。花期5~6月，果期6~9月。

生　　境：荒地、路旁、山坡草地，过度放牧的盐碱化草场。

地理分布：东北、西北、西藏。

资源利用：水土保持，改良盐碱土，饲用，药用（止血利尿）。

细叶鸢尾 *Iris tenuifolia*

别　　名：细叶马蔺、丝叶马蔺
英 文 名：Slender leaf iris
形态特征：多年生密丛草本，基部存留红褐
　　　　　色或黄棕色折断的老叶叶鞘。
　　　　　叶质地坚韧，丝状或狭条形，
　　　　　扭曲。花茎常不伸出地面；苞片
　　　　　4，披针形，内包含有 2 ~ 3 朵
　　　　　花；花蓝紫色；外花被片匙形，
　　　　　中央下陷呈沟状，内花被片倒披
　　　　　针形；花柱顶端裂片狭三角形。
　　　　　蒴果倒卵形，顶端有短喙。花期
　　　　　4 ~ 5 月，果期 8 ~ 9 月。

生　　境：固定沙丘或沙质地。
地理分布：东北、西北等。
资源利用：叶脱胶后麻用，药用（安胎养血）。

石蒜科 Amaryllidaceae

葱属

 镰叶韭 *Allium carolinianum*

英 文 名: Carolina onion

形态特征: 具不明显的短的直生根状茎。鳞茎粗壮，单生或2～3枚聚生；鳞茎外皮褐色至黄褐色，革质，常呈纤维状。叶宽条形，扁平，光滑，常呈镰状弯曲，钝头，比花葶短。花葶粗壮；总苞常带紫色，2裂宿存；伞形花序球状，具多而密集的花；小花梗近等长；花紫红色、淡紫色至白色。花果期6月底至9月。

生　　境: 砾石山坡、向阳的林下和草地。

地理分布: 甘肃、青海、新疆和西藏。

天蓝韭 *Allium cyaneum*

英 文 名：Blue onion

形态特征：鳞茎数枚聚生，圆柱状，细长；鳞茎外皮暗褐色，老时破裂成纤维状。叶半圆柱状，上面具沟槽。花葶圆柱状；总苞单侧开裂或 2 裂；伞形花序近扫帚状，有时半球状，少花或多花，常疏散；花天蓝色；花丝等长；子房近球状；花柱伸出花被外。花果期 8 ~ 10 月。

生　　境：山坡、草地、林下或林缘。

地理分布：陕西、宁夏、甘肃、青海、西藏、四川。

资源利用：食用，饲用，药用（散寒解表、温中益胃、散瘀止痛）。

蒙古韭 *Allium mongolicum*

别　　名：沙葱

英 文 名：Mongolia onion

形态特征：鳞茎密集地丛生，圆柱状；鳞茎外皮褐黄色，破裂成松散的纤维状。叶半圆柱状至圆柱状，比花葶短。花葶圆柱状，下部被叶鞘；总苞单侧开裂，宿存；伞形花序半球状至球状，具多而通常密集的花；小花梗近等长；花淡红色、淡紫色至紫红色；花丝近等长；子房倒卵状球形；花柱略比子房长。

生　　境：荒漠、沙地或干旱山坡。

地理分布：新疆、青海、甘肃、宁夏、陕西、内蒙古和辽宁。

资源利用：食用，观赏，药用（治疗消化不良）。

碱韭 *Allium polyrhizum*

别　　名：紫花韭、多根葱、碱葱

英 文 名：Manyroot onion

形态特征：鳞茎成丛紧密簇生，圆柱状；鳞茎外皮黄褐色，破裂成纤维状。叶半圆柱状，边缘具细糙齿。花葶圆柱状；总苞2～3裂，宿存；伞形花序半球状，具多而密集的花；小花梗近等长；花紫红色或淡紫红色，稀白色；花被片内轮的稍长；子房卵形。花果期6～8月。

生　　境：干旱山坡或草坡。

地理分布：西北、华北、东北。

资源利用：食用，饲用，园林观赏，药用（解毒消肿、化瘀、健胃）。

青甘韭 *Allium przewalskianum*

别　　名：青甘野韭

英 文 名：Przewalsk onion

形态特征：鳞茎数枚聚生，外皮红色少淡褐色，破裂成纤维状，呈明显的网状，常紧密地包围鳞茎。叶具4～5纵棱。花葶圆柱状，下部被叶鞘；总苞单侧开裂，宿存；伞形花序球状或半球状，具多而稍密集的花；小花梗近等长；花淡红色至深紫红色；花被片先端微钝，外轮的略短；花丝等长；子房球状。花果期6～9月。

生　　境：干旱山坡、石缝、灌丛下或草坡。

地理分布：甘肃、青海、新疆、宁夏、四川、陕西。

资源利用：饲用，食用，药用（活血祛瘀、治疗消化不良）。

天门冬科 Asparagaceae

天门冬属

戈壁天门冬 *Asparagus gobicus*

英 文 名： Desert living asparagus

形态特征： 半灌木，坚挺，近直立，高
15～45厘米。茎上部通常迴折
状，中部具纵向剥离的白色薄膜，
分枝常强烈回折状，疏生软骨质
齿。叶状枝每3～8枚成簇，下倾
或平展，近圆柱形，较刚硬；鳞片
状叶基部具短距。花每1～2朵腋
生；花梗的关节位于近中部或上
部；雌花略小于雄花。浆果熟时红
色，有3～5粒种子。花期5月，果期6～9月。

生　　境： 沙地或多沙荒原上。

地理分布： 内蒙古、陕西、宁夏、甘肃和青海。

西北天门冬 *Asparagus persicus*

英 文 名：Iran asparagus

形态特征：攀缘植物，通常不具软骨质齿。根较细。茎平滑，分枝略具条纹或近平滑。叶状枝通常每 4 ~ 8 枚成簇，稍扁的圆柱形，略有几条棱，伸直或稍弧曲；鳞片状叶基部有时有短的刺状距。花每 2 ~ 4 朵腋生，红紫色或绿白色；花梗关节位于上部或近花被基部；雌花较小。浆果熟时红色，5 ~ 6 粒种子。花期 5 月，果期 8 月。

生　　境：盐碱地、戈壁滩、河岸或荒地。

地理分布：新疆、青海、甘肃和宁夏。

灯心草科 Juncaceae

灯心草属

 小灯心草 *Juncus bufonius*

英 文 名： Toad rush

形态特征： 一年生草本，高 4 ~ 30 厘米。茎丛生，细弱，直立或斜升，基部常红褐色。茎生叶常 1 枚，线形，扁平；叶鞘具膜质边缘，无叶耳。二歧聚伞状花序，或排成圆锥状生于茎顶；花排列疏松，少密集；小苞片 2 ~ 3；雄蕊 6。蒴果三棱状椭圆形，黄褐色，3 室。种子椭圆形，黄褐色。花常闭花受精。花期 5 ~ 7 月，果期 6 ~ 9 月。

生　　境： 湿草地、湖岸、河边、沼泽地。

地理分布： 东北、华北、西北等。

资源利用： 药用（清热、利尿、止血）。

莎草科 Cyperaceae

薹草属

白颖薹草 *Carex duriuscula* subsp. *rigescens*

形态特征：根状茎细长、匍匐。秆高 5 ~ 20 厘米，纤细，平滑，基部叶鞘灰褐色，细裂成纤维状。叶片平张。穗状花序卵形或球形；小穗 3 ~ 6，密生。雌花鳞片宽卵形或椭圆形，边缘及顶端为白色膜质，具短尖。果囊锈色或黄褐色，两面具多条脉，顶端急缩成短喙，喙口白色膜质，斜截形。小坚果近圆形或宽椭圆形，柱头 2。花果期 4 ~ 6 月。

生　　境：草原，山坡、路边或河岸湿地。

地理分布：内蒙古、甘肃、黑龙江、吉林、辽宁。

资源利用：牧草。

藨草属

扁秆藨草 *Scirpus planiculmis*

英 文 名： Flat stalk bulrush

形态特征： 具匍匐根状茎和块茎。秆高60～100厘米，较细，三棱形，靠近花序部分粗糙，具秆生叶。叶扁平，向顶部渐狭，具长叶鞘。叶状苞片1～3；长侧枝聚伞花序短缩成头状，通常具1～6小穗；小穗卵形或长圆状卵形，锈褐色，具多数花；鳞片褐色或深褐色，背面具1条稍宽的中肋，具芒；雄蕊3；柱头2。小坚果扁。花期5～6月，果期7～9月。

生　　境： 湖、河边近水处。

地理分布： 内蒙古、山东、河北、山西、青海、甘肃、黑龙江、吉林、辽宁。

资源利用： 牧草，药用（祛瘀通经、行气消积）。

禾本科 Gramineae

芨芨草属

 醉马草 *Achnatherum inebrians*

别　　名：马绊肠、断肠草
英 文 名：Inebriate spear grass
形态特征：多年生草本。须根柔韧。秆直立，少数丛生，平滑，高60 ~ 100厘米，通常具3 ~ 4节，节下贴生微毛。叶鞘稍粗糙，叶鞘口具微毛；叶舌厚膜质，顶端平截或具裂齿；叶片质地较硬，直立，边缘常卷折，上面及边缘粗糙。圆锥花序紧密呈穗状，长10 ~ 25厘米，灰绿色或基部带紫色，颖膜质，具3脉；外稃背部密被柔毛。颖果圆柱形。花果期7 ~ 9月。

生　　境：草原、山坡草地、田边、路旁、河滩。
地理分布：内蒙古、甘肃、宁夏、新疆、西藏、青海、四川西部。
资源利用：药用（麻醉、镇痛）；有毒。

芨芨草 *Achnatherum splendens*

别　　名：席箕草

英 文 名：Splendens

形态特征：多年生草本。具粗而坚韧外被沙套的须根。秆直立，高50～250厘米，坚硬，平滑无毛，具2～3节，基部宿存枯萎的黄褐色叶鞘。叶舌三角形或尖披针形；叶片纵卷，质坚韧，上面脉纹凸起，微粗糙。圆锥花序；小穗灰绿色，基部带紫褐色，成熟后常变草黄色；第一颖具1脉，第二颖具3脉；外稃具5脉；内稃具2脉。花果期6～9月。

生　　境：微碱性的草滩及沙土山坡。

地理分布：西北、东北、山西、河北。

资源利用：饲用，盐碱地改良，编织。

冰草属

冰草 *Agropyron cristatum*

别　　名：扁穗冰草、羽状小麦草、光穗冰草

英 文 名：Crested wheat grass

形态特征：秆成疏丛，高 75 厘米，有时分蘖横走的根茎。叶片质较硬而粗糙，常内卷，上面叶脉强烈隆起成纵沟，脉上密被微小短硬毛。穗状花序较粗壮；小穗紧密平行排列成 2 行，整齐呈篦齿状，含（3）5 ~ 7 小花；颖舟形；外稃被有稠密的长柔毛或显著地被稀疏柔毛，顶端具短芒；内稃脊上具短小刺毛。

生　　境：干燥草地、山坡、丘陵及沙地。

地理分布：东北、华北、甘肃、青海、新疆等。

资源利用：牧草，水土保持。

看麦娘属

大看麦娘 *Alopecurus pratensis*

别　　名： 草原看麦娘

英 文 名： Meadow fox tail

形态特征： 多年生草本。具短根茎。秆少数丛生，直立或基部稍膝曲，高达 1.5 米，具 3 ~ 5 节。叶鞘光滑，大都短于节间，松弛；叶舌膜质；叶片上面平滑。圆锥花序圆柱状，灰绿色；小穗椭圆形；颖脊上具纤毛；芒于近稃体基部伸出，中部膝曲，上部粗糙，显著外露；雄蕊 3，花药黄色。花果期 4 ~ 8 月。

生　　境： 高山草地、阴坡草地、谷地及林缘草地。

地理分布： 温带广布。

资源利用： 牧草。

三芒草属

 羽毛三芒草 *Aristida pennata*

英 文 名：Indumentum three-awn grass

形态特征：多年生草本。须根较粗且坚韧，外被紧密的沙套。秆丛生，直立，光滑无毛，高 20 ～ 60 厘米，基部具分枝。叶鞘长于节间；叶舌短小平截，边缘具纤毛；叶片纵卷如针状，上面具微毛，下面无毛。圆锥花序疏松。小穗草黄色，第一颖具 3 ～ 5 脉，第二颖具 3 脉；外稃具 3 脉，背部光滑，顶端平截且具 1 圈短毛，具短毛，芒全被柔毛。花果期 7 ～ 9 月。

生　　境：流动及固定沙丘。

地理分布：新疆南部、甘肃西部。

资源利用：饲用，固沙。

拂子茅属

拂子茅 *Calamagrostis epigeios*

别　　名： 狼尾巴草、拂子草、水茅草

英 文 名： Chee reed bent grass

形态特征： 多年生草本。具根状茎。秆直立，平滑无毛或花序下稍粗糙，高 45 ～ 100 厘米。叶舌膜质，长圆形，先端易破裂；叶片扁平或边缘内卷，上面及边缘粗糙，下面较平滑。圆锥花序紧密，圆筒形，分枝粗糙，直立或斜向上升；小穗淡绿色或带淡紫色；第一颖具 1 脉，第二颖具 3 脉；外稃透明膜质，顶端具 2 齿；雄蕊 3。花果期 5 ～ 9 月。

生　　境： 潮湿地及河岸沟渠旁。

地理分布： 全国广布。

资源利用： 固定泥沙，保护河岸。

假苇拂子茅 *Calamagrostis pseudophragmites*

英 文 名：False reed bent grass

形态特征：秆直立，高 40 ～ 100 厘米。叶舌膜质，长圆形，顶端钝而易破碎；叶片扁平或内卷，上面及边缘粗糙，下面平滑。圆锥花序长圆状披针形，疏松开展，分枝簇生，直立，细弱；小穗草黄色或紫色；颖线状披针形，成熟后张开，不等长，具 1 脉或第二颖具 3 脉，主脉粗糙；外稃透明膜质，具 3 脉；雄蕊 3。花果期 7 ～ 9 月。

生　　境：山坡草地或河岸阴湿地。

地理分布：东北、华北、西北、四川、云南、贵州、湖北等。

资源利用：防沙固堤，饲用。

虎尾草属

虎尾草 *Chloris virgata*

别　　名：棒槌草、大屁股草

英 文 名：Speedwell

形态特征：一年生草本。秆直立或基部膝曲，高 12 ~ 75 厘米，光滑无毛。叶鞘背部具脊，包卷松弛。穗状花序 5 至 10 余枚，指状着生于秆顶，常直立而并拢成毛刷状，成熟时常带紫色；小穗无柄；第一小花两性；第二小花不孕。颖果淡黄色，光滑无毛而半透明。花果期 6 ~ 10 月。

生　　境：路旁荒野、河岸沙地。

地理分布：温带广布。

资源利用：牧草。

隐子草属

无芒隐子草 *Cleistogenes songorica*

英 文 名： Awnless cleistogenes

形态特征： 多年生草本。秆丛生，直立或稍倾斜，高 15 ~ 50 厘米，基部具密集枯叶鞘。叶鞘长于节间，鞘口有长柔毛；叶舌具短纤毛；叶片线形，上面粗糙，扁平或边缘稍内卷。圆锥花序开展，分枝开展或稍斜上，分枝腋间具柔毛；小穗含 3 ~ 6 小花，绿色或带紫色；颖卵状披针形，近膜质；外稃卵状披针形，边缘膜质；内稃短于外稃。花果期 7 ~ 9 月。

生　　境： 干旱草原、荒漠或半荒漠沙质地。

地理分布： 内蒙古、宁夏、甘肃、新疆、陕西等。

资源利用： 牧草。

稗属

稗 *Echinochloa crusgalli*

别　　名：稗子、稗草

英 文 名：Barnyard grass

形态特征：一年生草本。秆高 50 ～ 150 厘米，光
滑无毛，基部倾斜或膝曲。叶鞘疏松裹
秆，平滑无毛；叶舌缺；叶片扁平、线
形，无毛，边缘粗糙。圆锥花序直立，
近尖塔形；主轴具棱；分枝斜上举或贴
向主轴；主轴及穗轴粗糙或生疣基长刺
毛；小穗卵形。花果期夏秋季。

生　　境：沟边、农田边缘。

地理分布：全国广布。

资源利用：饲草。

披碱草属

 垂穗披碱草 *Elymus nutans*

英 文 名： Drooping wild rye grass

形态特征： 秆直立，基部稍呈膝曲状，高 50～70厘米。基部和根出的叶鞘具柔毛；叶片扁平。穗状花序较紧密，通常曲折而先端下垂，穗轴边缘粗糙或具小纤毛，基部的1节、2节均不具发育小穗；小穗绿色，成熟后带有紫色，通常在每节生有2枚而接近顶端及下部节上仅生有枚，多少偏生于穗轴一侧，含3～4小花。

生　　境： 草原或山坡道旁和林缘。

地理分布： 内蒙古、河北、陕西、甘肃、青海、四川、新疆、西藏。

资源利用： 饲草，防风固沙。

九顶草属

 九顶草 *Enneapogon borealis*

别　　名：冠芒草

英 文 名：Boreal pappusgrass

形态特征：多年生草本。秆高 5 ~ 35 厘米，被微毛，常有分枝。叶鞘密被短柔毛，基部叶鞘有隐藏的小穗；叶舌极短，上具柔毛；叶片条形，常卷折，密生短柔毛。圆锥花序穗状，铅灰色至草黄色；小穗常含 2 小花；颖薄，披针形，被短柔毛，具 3 ~ 5 脉；外稃顶端有 9 条劲直、等长并呈羽毛状的芒；内稃脊上具短纤毛。

生　　境：干燥山坡及草地。

地理分布：东北、华北、西北。本区分布于各山前荒漠。

资源利用：饲草。

画眉草属

大画眉草 *Eragrostis cilianensis*

别　　名：星星草
英 文 名：Stink grass
形态特征：一年生草本。秆粗壮，高 30 ~ 90 厘米，直立丛生，基部常膝曲，具 3 ~ 5 节，节下有 1 圈明显的腺体。叶鞘疏松裹茎，脉上与叶缘有腺体，鞘口具长柔毛；叶舌为 1 圈成束的短毛；叶片线形伸展，无毛。圆锥花序；小穗墨绿色带淡绿色或黄褐色，扁压并弯曲，有 10 ~ 40 小花；颖具 1 脉或第二颖具 3 脉。雄蕊 3。颖果近圆形。花果期 7 ~ 10 月。

生　　境：路边草丛、田边、路边、河边沙地、荒地。
地理分布：全国广布。
资源利用：药用，饲用。

小画眉草 *Eragrostis minor*

英 文 名： Little stink grass

形态特征： 一年生草本。秆纤细，丛生，膝曲
上升，高 15 ~ 50 毫米，径 1 ~ 2
毫米，具 3 ~ 4 节，节下具有 1 圈
腺体。叶鞘较节间短，松裹茎，叶
鞘脉上有腺体，鞘口有长毛；叶舌
为 1 圈长柔毛，长 0.5 ~ 1 毫米；叶
片线形，平展或卷缩，下面光滑，
上面粗糙并疏生柔毛，主脉及边缘
都有腺体。圆锥花序开展而疏松，
腋间无毛，花序轴、小枝及柄上都
有腺体；小穗长圆形，含 3 ~ 16 小
花，绿色或深绿色；颖锐尖，具 1
脉，脉上有腺点。颖果红褐色，近
球形。花果期 6 ~ 9 月。

生　　境： 生于荒芜田野、草地和路旁。

地理分布： 全国广布。

资源利用： 饲用。

画眉草 *Eragrostis pilosa*

别　　名：蚊子草

英 文 名：Indian love grass

形态特征：一年生草本。秆丛生，直立或基部膝曲，高 15 ～ 60 厘米，通常具 4 节，光滑。叶鞘松裹茎，鞘口有长柔毛；叶舌为 1 圈纤毛；叶片线形扁平或卷缩，无毛。圆锥花序分枝多直立向上，小穗含 4 ～ 14 小花。第一颖无脉，第二颖具 1 脉；第一外稃具 3 脉；雄蕊 3。颖果长圆形。花果期 8 ～ 11 月。

生　　境：荒芜田野草地。

地理分布：全国广布。

资源利用：饲用，药用（清热活血、跌打损伤）。

落草属

 落草 *Koeleria cristata*

英 文 名： Crested grass

形态特征： 多年生草本。密丛。秆直立，具 2 ～ 3 节，高 25 ～ 60 厘米，在花序下密生茸毛。叶鞘灰白色或淡黄色，枯萎叶鞘多撕裂残存于秆基；叶舌膜质；叶片灰绿色，线形，常内卷或扁平。圆锥花序穗状，有光泽，草绿色或黄褐色，主轴及分枝均被柔毛；小穗含 2 ～ 3 小花；第一颖具 1 脉，第二颖具 3 脉；外稃披针形，具 3 脉，背部无芒。花果期 5 ～ 9 月。

生　　境： 山坡、草地或路旁。

地理分布： 北方广布。

资源利用： 饲用。

赖草属

赖草 *Leymus secalinus*

别　　名：滨草

英 文 名：Wild rye

形态特征：多年生草本。具下伸和横走的根茎。秆直立，高 40 ~ 100 厘米，具 3 ~ 5 节。叶舌膜质，截平；叶片扁平或内卷，上面及边缘粗糙或具短柔毛。穗状花序直立，灰绿色；穗轴被短柔毛，节与边缘被长柔毛；小穗通常 2 ~ 3，稀 1 或 4 枚生于每节，含 4 ~ 7（10）小花；颖具不明显的 3 脉；外稃具 5 脉；内外稃等长，先端常微 2 裂。花果期 6 ~ 10 月。

生　　境：沙地、平原绿洲及山地草原。

地理分布：新疆、甘肃、青海、陕西、四川、内蒙古等。

资源利用：饲用，防风固沙，水土保持。

臭草属

 臭草 *Melica scabrosa*

别　　名：肥马草、枪草

英 文 名：Scabrous melic grass

形态特征：多年生草本。须根细弱，较稠密。秆丛生，直立或基部膝曲，高 20 ~ 90 厘米，基部密生分蘖。叶鞘闭合近鞘口；叶舌透明膜质；叶片两面粗糙或上面疏被柔毛。圆锥花序狭窄；小穗纤细，上部弯曲；小穗淡绿色或乳白色，孕性小花 2 ~ 4（6）；小穗轴节间光滑；颖膜质，具 3 ~ 5 脉；外稃草质，具 7 条隆起的脉；雄蕊 3。颖果褐色。花果期 5 ~ 8 月。

生　　境：山坡草地、荒芜田野、渠边路旁。

地理分布：东北、华北、西北、山东等。

资源利用：牧草。

狼尾草属

 白草 *Pennisetum centrasiaticum*

英 文 名： Flaccid pennisetum

形态特征： 多年生草本。具横走根茎。秆直立，单生或丛生，高20～90厘米。叶鞘疏松包茎，近无毛，基部者密集近跨生，上部短于节间；叶舌短；叶片狭线形，两面无毛。圆锥花序紧密，直立或稍弯曲；主轴具棱角；刚毛柔软，细弱，灰绿色或紫色；小穗通常单生。颖果长圆形。花果期7～10月。

生　　境： 山坡和较干燥环境。

地理分布： 黑龙江、吉林、辽宁、内蒙古、河北、山西、陕西、甘肃、青海等。

资源利用： 牧草。

芦苇属

 芦苇 *Phragmites australis*

别　　名：芦、苇、葭、蒹

英 文 名：Common reed

形态特征：多年生草本。根状茎十分发达。秆直立，高 1 ~ 3 米，节下被蜡粉。叶舌边缘密生 1 圈短纤毛，易脱落；叶片披针状线形，无毛。圆锥花序大型，分枝多数，着生稠密下垂的小穗；小穗含 4 花；颖具 3 脉；第二外稃具 3 脉，成熟后易自关节上脱落；雄蕊 3；颖果。

生　　境：沙丘、江河湖泽、池塘沟渠沿岸和低湿地。

地理分布：全国广布。

资源利用：造纸，编织，饲用，固堤固沙，药用（利尿、解毒、清凉、镇呕）。

早熟禾属

 早熟禾 *Poa annua*

英文名： Annual bluegrass

形态特征： 一年生或冬性禾草。秆直立或倾斜，质软，高6～30厘米，全体平滑无毛。叶鞘稍压扁，中部以下闭合；叶舌圆头；叶片扁平或对折，质地柔软，常有横脉纹，边缘微粗糙。圆锥花序开展；分枝1～3；小穗含3～5小花，绿色；第一颖具1脉，第二颖具3脉；外稃具明显的5脉；内外稃近等长。颖果纺锤形。花期4～5月，果期6～7月。

生　　境： 路旁草地、田野水沟或荫蔽荒坡湿地。

地理分布： 全国广布。

资源利用： 牧草。

沙鞭属

沙鞭 *Psammochloa villosa*

英文名： Mongolia psammochloa

形态特征： 多年生草本。根状茎发达；秆直立，光滑，高 1 ~ 2 米，基部具有黄褐色枯萎的叶鞘。叶鞘光滑，几包裹全部植株；叶舌膜质；叶片坚硬，扁平，常先端纵卷，平滑无毛。圆锥花序紧密直立，长达 50 厘米，分枝数枚生于主轴一侧，斜向上升；小穗淡黄白色；外稃背部密生长柔毛；内稃具 5 脉，不为外稃紧密包裹；雄蕊 3。花果期 5 ~ 9 月。

生　　境： 沙丘。

地理分布： 内蒙古、甘肃、新疆、青海、陕西北部等。

资源利用： 固沙。

狗尾草属

金色狗尾草 *Setaria glauca*

英 文 名： Setaria pumila

形态特征： 一年生草本；单生或丛生。秆直立或基部倾斜膝曲，近地面节可生根，高 20 ~ 90 厘米，光滑无毛，仅花序下面稍粗糙。叶舌具 1 圈纤毛，叶片上面粗糙，下面光滑。圆锥花序紧密呈圆柱状或狭圆锥状，直立，刚毛金黄色或稍带褐色，粗糙，第一小花雄性或中性，第二小花两性。花果期 6 ~ 10 月。

生　　境： 林边、山坡、路边和荒芜的园地及荒野。

地理分布： 温带广布。

资源利用： 饲用。

狗尾草 *Setaria viridis*

别　　名：狗尾巴草、谷莠子、莠

英　文　名：Green bristle grass

形态特征：一年生草本。根为须状。秆直
立或基部膝曲，高 10 ～ 100 厘
米。叶鞘松弛，边缘具较长的
密棉毛状纤毛；叶舌极短，缘
有纤毛；叶片边缘粗糙。圆锥
花序紧密呈圆柱状或基部稍疏
离，主轴被较长柔毛，通常绿
色或褐黄色到紫红色或紫色；
小穗 2 ～ 5 簇生于主轴上，椭
圆形，铅绿色；颖果灰白色。
花果期 5 ～ 10 月。

生　　境：荒野、道旁。

地理分布：温带广布。

资源利用：饲用，药用（痈瘀、面癣）。

针茅属

沙生针茅 *Stipa glareosa*

英 文 名：Sandy needle grass

形态特征：须根粗韧，外具沙套。秆粗糙，高 15 ~ 25 厘米，具 1 ~ 2 节，基部宿存枯死叶鞘。叶鞘具密毛；基生与秆生叶舌短而钝圆，边缘具长 1 ~ 2 毫米之纤毛；叶片纵卷如针，下面粗糙或具细微的柔毛。圆锥花序常包藏于顶生叶鞘内，仅具 1 小穗；外稃顶端关节处生 1 圈短毛，芒一回膝曲扭转。花果期 5 ~ 10 月。

生　　境：石质山坡、丘间洼地、戈壁沙滩及河滩砾石地。

地理分布：内蒙古、宁夏、甘肃、新疆、西藏、青海、陕西、河北等。

资源利用：固沙，饲用。

紫花针茅 *Stipa purpurea*

英 文 名: Purple flower needle grass

形态特征: 须根较细而坚韧。秆细瘦,高 20 ~ 45 厘米,具 1 ~ 2 节,基部宿存枯叶鞘。叶鞘平滑无毛;基生叶舌端钝,秆生叶舌披针形,两侧下延与叶鞘边缘结合,均具有极短缘毛;叶片纵卷如针状。圆锥花序较简单,基部常包藏于叶鞘内;小穗呈紫色,芒两回膝曲扭转。颖果长约 6 毫米。花果期 7 ~ 10 月。

生　　境: 山坡草甸、山前洪积扇或河谷阶地。

地理分布: 甘肃、新疆、西藏、青海、四川。

资源利用: 饲用。

西北针茅 *Stipa sareptana* var. *krylovii*

英 文 名: Krylovii feather grass

形态特征: 新疆针茅变种。秆高 30 ~ 80 厘米，具 2 ~ 3 节，秆及叶鞘下光滑无毛。叶鞘短于节间；基生叶舌端钝，秆生者披针形；叶片纵卷如针状。圆锥花序基部为顶生叶鞘所包；小穗草黄色；外稃具纵条毛，顶端毛环不明显，基盘尖锐，芒两回膝曲扭转。颖果圆柱形，黑褐色。花果期 6 ~ 8 月。

生　　境: 干草原、荒漠草原及戈壁沙滩。

地理分布: 甘肃、新疆、内蒙古、青海等。

资源利用: 饲用。

戈壁针茅 *Stipa tianschanica* var. *gobica*

英文名： Gobi-tianshan feath grass

形态特征： 天山针茅之变种。秆高 17 ～ 23 厘米，具 2 ～ 3 节，无毛或在节的下部具柔毛，基部宿存枯叶鞘。叶鞘无毛，短于节间；叶舌边缘被短柔毛；叶片纵卷如针状。圆锥花序紧缩，基部为顶生叶鞘所包；颖披针形，3脉，外稃顶端光滑，不具毛环，密生柔毛，芒一回膝曲扭转；内稃与外稃近等长，具 2 脉，脊上具柔毛。花果期 6 ～ 7 月。

生　　境： 石砾山坡或戈壁滩。

地理分布： 宁夏、甘肃、新疆、青海、陕西等。

资源利用： 牧草。

石生针茅 *Stipa tianschanica* var. *klemenzii*

英 文 名：Klemenz tianshan feath grass

形态特征：天山针茅之变种。秆高17～23厘米，具2～3节，无毛或在节的下部具柔毛，基部宿存枯叶鞘。叶鞘无毛，短于节间；叶舌边缘被短柔毛；叶片纵卷如针状。圆锥花序紧缩，基部为顶生叶鞘所包；颖披针形，3脉，外稃顶端光滑，不具环毛；内稃与外稃近等长，具2脉，脊上具柔毛。花果期6～7月。

生　　境：石砾山坡。

地理分布：内蒙古、甘肃。

资源利用：牧草。

锋芒草属

锋芒草 *Tragus racemosus*

别　　名：大虱子草

英 文 名：Stalked burgrass

形态特征：一年生草本。茎丛生，基部常膝曲而伏卧地面，高 15～25 厘米。叶鞘短于节间，无毛；叶舌纤毛状；叶片边缘加厚，疏生小刺毛。花序紧密呈穗状，小穗通常 3 簇生，其中 1 个退化，或几残存为柄状；第一颖退化薄膜质，第二颖革质，背部有 5（～7）肋，肋上具钩刺，顶端具明显伸出刺外的小头；外稃膜质；雄蕊 3，花柱 2 裂。花果期 7～9 月。

生　　境：荒野、路旁、丘陵和山坡草地。

地理分布：内蒙古、甘肃、河北、山西、宁夏等。

资源利用：牧草。

罂粟科 Papaveraceae

紫堇属

灰绿黄堇 *Corydalis adunca*

别　　名：旱生紫堇

英 文 名：Greyish-green corydalis

形态特征：多年生灰绿色丛生草本，高20～60厘米，多少具白粉。基生叶具长柄，叶片狭卵圆形，二回羽状全裂，一回羽片4～5对，二回羽片1～2对。茎生叶与基生叶同形。总状花序多花，常较密集。花黄色，外花瓣顶端浅褐色。萼片卵圆形，基部多少具齿。外花瓣顶端兜状，具短尖。雄蕊束披针形。蒴果长圆形，直立或斜伸。种子黑亮。

生　　境：干旱山地、河滩地或石缝中。

地理分布：我国特有种。内蒙古、宁夏、甘肃、陕西、青海、四川等。

资源利用：药用（清火解热、镇咳）。

红花紫堇 *Corydalis livida*

英 文 名： Livid fumewort

形态特征： 多年生草本，高 19 ~ 60 厘米。主根多少扭曲。基生叶少数，基部鞘状宽展；一至二回羽状全裂。茎生叶通常为一回羽状全裂。总状花序疏，下部苞片叶状，3 深裂或二回 3 深裂，上部的较小，卵圆形。萼片心形或卵圆形，具齿。花冠紫红色或淡紫色。上花瓣鸡冠状凸起；下花瓣舟状。柱头具 8 乳突。蒴果线形，具 1 列扁圆形种子，帽状种阜大。

生 境： 林缘石缝。

地理分布： 甘肃（祁连山区、河西走廊）、青海。

资源利用： 药用。

角茴香属

细果角茴香 *Hypecoum leptocarpum*

英文名： Gracile fruit hypecoum

形态特征： 一年生草本，略被白粉，高4 ~ 60厘米。茎丛生，多分枝。基生叶多数，蓝绿色，叶片狭倒披针形，二回羽状全裂；茎生叶同基生叶，但较小，具短柄或近无柄。花茎多数，通常二歧状分枝；苞叶轮生，卵形或倒卵形，二回羽状全裂。花小，排列成二歧聚伞花序；萼片卵形或卵状披针形；花瓣淡紫色；雄蕊4，与花瓣对生，黄色；子房圆柱形，无毛，胚珠多数，花柱短。蒴果直立，圆柱形。种子扁平，宽倒卵形。花果期6 ~ 9月。

生　　境： 山坡、草地、山谷、河滩、砾石坡、沙质地。

地理分布： 河北西北部、山西、内蒙古、陕西、甘肃、青海、新疆、四川西部、云南西北部、西藏。

资源利用： 药用（治疗感冒、咽喉炎、急性结膜炎、头痛、四肢关节痛、胆囊炎，并能解食物中毒）。

小檗科 Berberidaceae

小檗属

 鲜黄小檗 *Berberis diaphana*

别　　名：黄檗、三颗针、黄花刺
英 文 名：Reddrop barberry
形态特征：落叶灌木，高 1 ~ 3 米。幼枝绿色，老枝灰色，具条棱和疣点；茎刺三分叉，粗壮，淡黄色。叶坚纸质，先端微钝，基部楔形，边缘具刺齿，偶全缘，上面暗绿色，背面淡绿色。花 2 ~ 5 簇生，偶有单生，黄色；萼片 2 轮；花瓣先端急尖，锐裂，基部缢缩呈爪状。浆果红色，卵状长圆形，先端略斜弯，具明显缩存花柱。花期 5 ~ 6 月，果期 7 ~ 9 月。
生　　境：灌丛、草甸、林缘、坡地。
地理分布：陕西、甘肃、青海。
资源利用：果实药用。

甘肃小檗 *Berberis kansuensis*

英 文 名： Gansu barberry

形态特征： 落叶灌木，高达 3 米。老枝淡褐色，幼枝带红色，具条棱；茎刺弱，单生或三分叉，腹面具槽。叶厚纸质，近圆形，基部渐狭成柄，叶缘平展，每边具 15 ~ 30 刺齿。总状花序具 10 ~ 30 小花；花黄色；小苞片带红色；萼片 2 轮；花瓣先端缺裂，基部缢缩呈短爪状，具 2 枚分离腺体。浆果红色，不具宿存花柱，不被白粉。花期 5 ~ 6 月，果期 7 ~ 8 月。

生 境： 山坡灌丛中或杂木林中。

地理分布： 甘肃、青海、陕西、宁夏、四川。

资源利用： 水土保持，药用（治疗痢疾、肝炎）。

毛茛科 Ranunculaceae

铁线莲属

 灰叶铁线莲 *Clematis canescens*

英 文 名: Hoary clematis

形态特征: 直立小灌木,高达1米。枝有棱,带红褐色,有较密细柔毛,后变无毛,老枝灰色。单叶对生或数叶簇生;叶片灰绿色,革质,狭披针形或长椭圆状披针形,全缘,两面有细柔毛。花单生或聚伞花序有3花;萼片4,斜上展呈钟状,黄色,长椭圆状卵形,顶端尾尖,布细柔毛;雄蕊无毛。瘦果密生白色长柔毛。花期7~8月,果期9月。

生　　境: 荒漠草原石质山坡、山麓、干河床、沙地和山地。

地理分布: 甘肃北部、宁夏、内蒙古西部。

资源利用: 饲用,观赏。

黄花铁线莲 *Clematis intricata*

别　　名：透骨草

英 文 名：Intricate clematis

形态特征：草质藤本。茎纤细，多分枝，有细棱。一至二回羽状复叶；有柄小叶 2 ~ 3 裂，中间裂片顶端渐尖，基部楔形，两侧裂片较短。聚伞花序腋生，通常为 3 花，有时单花；萼片 4，黄色，狭卵形或长圆形，顶端尖，两面无毛；花丝线形，有短柔毛。瘦果被柔毛，宿存花柱长 3.5 ~ 5 厘米，被长柔毛。花期 6 ~ 7 月，果期 8 ~ 9 月。

生　　境：山坡、路旁或灌丛中。

地理分布：甘肃、陕西、青海东部、山西、河北、内蒙古西部等。

资源利用：药用（治疗慢性风湿性关节炎）。

甘青铁线莲 *Clematis tangutica*

英 文 名： Tangut clematis

形态特征： 落叶藤本，长 0.3 ~ 4 米。主根粗壮，木质。茎有明显的棱，幼时被长柔毛，后脱落。一回羽状复叶，5 ~ 7 小叶；小叶片侧生裂片小，中裂片较大。花单生，有时为单聚伞花序，有 3 花，腋生；花

序梗粗壮，有柔毛；萼片 4，黄色外面带紫色，斜上展；子房密生柔毛。瘦果倒卵形，有长柔毛。花期 6 ~ 9 月，果期 9 ~ 10 月。

生　　境： 高原草地或灌丛。

地理分布： 新疆、西藏、青海、甘肃、陕西、四川西部。

资源利用： 观赏，全草入药。

拟耧斗菜属

 乳突拟耧斗菜 *Paraquilegia anemonoides*

英 文 名： Anemone-like paraquilegia

形态特征： 根状茎粗壮，有时在上部分枝。叶多数，为一回三出复叶，叶片轮廓三角形，小叶近肾形，3 全裂或 3 深裂，表面绿色，背面浅绿色。花葶 1 至数条；苞片 2，基部有膜质鞘；萼片浅蓝色或浅堇色，宽椭圆形至倒卵形；花瓣倒卵形，顶端微凹；心皮通常 5 枚。蓇葖果直立，基部有宿存萼片；种子被乳突状的突起。花期 6 ~ 7 月，果期 8 ~ 10 月。

生　　境： 山地岩石缝或山区草原。

地理分布： 西藏、新疆、青海北部、甘肃（祁连山）和宁夏（贺兰山）。

资源利用： 药用（用于跌打损伤）。

唐松草属

 **展枝唐松草** *Thalictrum squarrosum*

别　　名：展枝白蓬草

英 文 名：Nodding meadowrue

形态特征：植株全部无毛。根状茎细长。茎高60～100厘米，有细纵槽，通常自中部近二歧状分枝。基生叶在开花时枯萎。茎下部及中部叶为二至三回羽状复叶；小叶坚纸质或薄革质，顶生小叶常3浅裂，背面有白粉。花序圆锥状，近二歧状分枝；萼片4，淡黄绿色；雄蕊5～14；柱头箭头状。瘦果狭倒卵球形或近纺锤形。花期7～8月。

生　　境：草地、田边、沙地及沙丘。

地理分布：黑龙江、吉林、辽宁、内蒙古、河北、山西、陕西、甘肃。

资源利用：药用（清热解毒）。

茶藨子科 Grossulariaceae

茶藨子属

长刺茶藨子 *Ribes alpestre*

别　　名：刺茶藨子、大刺茶藨

英 文 名：Hedgy gooseberry

形态特征：落叶灌木，高 1 ～ 3 米；老枝灰黑色，无毛，皮呈条状或片状剥落，小枝幼时被细柔毛，在叶下部的节上着生 3 枚粗壮刺，节间常疏生细小针刺或腺毛。叶被细柔毛，3 ～ 5 裂。花两性，2 ～ 3 朵组成短总状花序或花单生于叶腋。花萼绿褐色或红褐色，外面具柔毛；萼筒钟形；花瓣色较浅，带白色。果实球形或椭圆形，紫红色。花期 4 ～ 6 月，果期 6 ～ 9 月。

生　　境：林下灌丛、林缘、河谷草地或河岸边。

地理分布：山西、陕西、甘肃、青海、四川、云南、西藏。本区有栽培。

资源利用：果实食用及酿酒。

长果茶藨子 *Ribes stenocarpum*

别　　名：狭果茶藨子、长果醋栗

英 文 名：Kansu gooseberry, Narrowfruit currant

形态特征：落叶灌木，高达 3 米；老枝灰色或灰褐
色，小枝棕色，皮呈条状或片状剥落；节
上具 1 ~ 3 枚粗壮刺。叶掌状 3 ~ 5 深
裂，两面均被柔毛，逐渐脱落。花两性，
2 ~ 3 朵组成短总状花序或单生于叶腋；
花萼浅绿色或绿褐色；萼筒钟形，萼片
果期常直立；花瓣白色；花柱分裂几达中
部。果实长圆形，浅绿色有红晕或红色。
花期 5 ~ 6 月，果期 7 ~ 8 月。

生　　境：山坡灌丛、林下或山沟中。

地理分布：陕西、甘肃、青海、四川。民勤沙生植物园有引种。

资源利用：果实食用及酿酒。

景天科 Crassulaceae

瓦松属

 瓦松 *Orostachys fimbriatus*

别　　名：瓦花、瓦塔
英 文 名：Firmbriate orostachys
形态特征：二年生草本。莲座叶线形，先端增大，半圆形，有齿；二年生花茎高5～40厘米；叶互生，有刺，线形至披针形。花序总状，紧密，或下部分枝，呈金字塔形；苞片线状渐尖；萼片5，长圆形；花瓣5，红色，披针状椭圆形，先端渐尖；雄蕊10，花药紫色。蓇葖果5，长圆形；种子多数，卵形，细小。花期8～9月，果期9～10月。
生　　境：山坡石上或屋瓦上。
地理分布：湖北、安徽、甘肃、陕西等。
资源利用：药用（止血、活血、敛疮）；有小毒。

景天属

费菜 *Sedum aizoon*

别　　名：土三七、景天三七、还阳草

英文名：Aizoon stonecrop

形态特征：多年生草本。直立茎高 20 ～ 50 厘米，不分枝。叶互生，狭披针形、椭圆状披针形至卵状倒披针形，边缘有不整齐的锯齿，坚实，近革质。聚伞花序有多花，水平分枝，平展，下托以苞叶。线形萼片 5，肉质，先端钝；花瓣 5，黄色，有短尖；雄蕊 10，心皮 5，基部合生，腹面凸出。蓇葖果星芒状排列；种子椭圆形。花期 6 ～ 7 月，果期 8 ～ 9 月。

生　　境：山坡岩石上和荒地。

地理分布：南北方广布。本区有栽培。

资源利用：观赏，药用（活血、消肿、解毒）。

小二仙草科 Haloragidaceae

狐尾藻属

 穗状狐尾藻 *Myriophyllum spicatum*

别　　名: 泥茜、金鱼藻

英 文 名: Spic watermilfoil

形态特征: 多年生沉水草本。根状茎发达，在水底泥中蔓延，节部生根。茎长 1 ~ 2.5 米，分枝极多。叶常 3 ~ 6 轮生，丝状全细裂，裂片约 13 对，细线形；叶柄极短或不存在。花两性，单性或杂性，雌雄同株，单生于苞片状叶腋内，常 4 朵轮生，由多数花排成顶生或腋生的穗状花序，生于水面上。分果广卵形，具 4 纵深沟。花果期 4 ~ 9 月。

生　　境: 池塘、河沟、沼泽。

地理分布: 全国广布。

资源利用: 饲用，药用（清凉、解毒、止痢）。

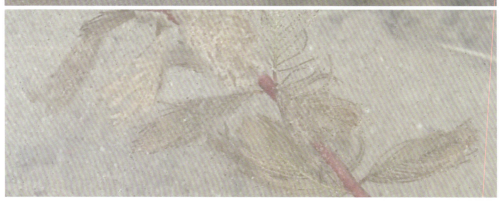

锁阳科 Cynomoriaceae

锁阳属

 锁阳 *Cynomorium songaricum*

英 文 名: Songaria cynomorium

形态特征: 多年生肉质寄生草本,无叶绿素,全株红棕色,高 15 ~ 100 厘米,大部分埋于沙中。茎圆柱状,直立、棕褐色,着生螺旋状排列脱落性鳞片叶。肉穗花序生于茎顶,伸出地面,棒状;其上着生非常密集的小花,雄花、雌花相伴杂生,有香气,花序中散生鳞片状叶。果为小坚果状,1 株产 2 万 ~ 3 万粒。种子近球形。花期 5 ~ 7 月,果期 6 ~ 7 月。

生　　境: 有白刺属、红砂属和盐爪爪属植物生长的沙地、盐碱地。

地理分布: 新疆、青海、甘肃、宁夏、内蒙古、陕西等。

资源利用: 药用(补肾、益精)。

蒺藜科 Zygophyllaceae

霸王属

 霸王 *Sarcozygium xanthoxylon*

英 文 名： Commom beancaper

形态特征： 灌木，高 50 ~ 100 厘米。枝弯曲，开展，皮淡灰色，木质部黄色，先端具刺尖，坚硬。叶在老枝上簇生，幼枝上对生；小叶 1 对，先端圆钝，肉质，花生于老枝叶腋；萼片 4，绿色；花瓣 4，淡黄色；雄蕊 8，长于花瓣。蒴果近球形。种子肾形。花期 4 ~ 5 月，果期 7 ~ 8 月。

生　　境： 荒漠和半荒漠的沙砾质河流阶地、低山山坡、碎石低丘和山前平原。

地理分布： 内蒙古、甘肃、宁夏、新疆、青海。

资源利用： 饲用，固沙，薪材。

四合木属

四合木 *Tetraena mongolica*

别　　名：油柴

英 文 名：Mongolian tetraena

形态特征：灌木，高 40 ～ 80 厘米。基部分枝，老枝弯曲，黑紫色或棕红色、光滑，一年生枝黄白色，被叉状毛。托叶膜质，白色；老枝叶近簇生，当年枝叶对生；叶片倒披针形，先端有短刺尖，两面密被伏生叉状毛，全缘。花单生于叶腋；萼片 4；花瓣 4，白色；雄蕊 8，2 轮。果 4 瓣裂。种子表面被小疣状突起。花期 5 ～ 6 月，果期 7 ～ 8 月。

生　　境：草原化荒漠、低山山坡。

地理分布：内蒙古。民勤治沙综合试验站栽培。

资源利用：濒危种。

蒺藜属

蒺藜 *Tribulus terrestris*

别　　名：旁通、刺蒺藜

英 文 名：Puncturevine caltrap

形态特征：一年生草本。茎平卧，枝长 20～60 厘米，偶数羽状复叶；小叶对生，3～8 对，基部稍偏斜，被柔毛，全缘。花腋生，黄色；萼片 5，宿存；花瓣 5；雄蕊 10，子房 5 棱，柱头 5 裂。果有分果瓣 5，硬，长 4～6 毫米，中部边缘有锐刺 2 枚，下部常有小锐刺 2 枚，其余部位常有小瘤体。花期 5～8 月，果期 6～9 月。

生　　境：沙地、荒地、山坡。

地理分布：全国广布。

资源利用：饲用，果药用（平肝明目、散风行血）。

驼蹄瓣属

拟豆叶驼蹄瓣 *Zygophyllum fabagoides*

别　　名：拟豆叶霸王

英 文 名：Quasi-Syrian beancaper

形态特征：多年生草本，高 20 ~ 40 厘米。
根木质。茎部木质，下部黄色，
上部鲜绿色，具细棱，节间长
6 ~ 7 厘米。托叶草质，下部者
结合，半圆形；叶柄细长；小叶
1 对，矩圆形或卵形，歪斜，先
端钝。花 2 朵并生于叶腋；萼片
5，卵圆形；花瓣白色，基部橘红
色。蒴果近球形，下垂，具翅。
花期 5 ~ 7 月，果期 8 月。

生　　境：流动沙丘、沙地、荒漠河岸林。

地理分布：甘肃、新疆。

资源利用：固沙保土，牧草。

驼蹄瓣 *Zygophyllum fabago*

别　　名：豆型霸王、骆驼蹄瓣

英 文 名：Syrian beancaper

形态特征：多年生草本，高30～80厘米。根粗壮。茎多分枝，枝条开展或铺散，光滑。托叶革质，卵形或椭圆形，茎中部以下托叶合生，上部托叶披针形，分离；小叶1对，质厚，先端圆形。花腋生；萼片先端钝，边缘白色膜质；花瓣倒卵形，先端近白色，下部橘红色。蒴果矩圆形或圆柱形，5棱，下垂。种子多数，表面有斑点。花期5～6月，果期6～9月。

生　　境：冲积平原、绿洲、湿润沙地和荒地。

地理分布：内蒙古、甘肃、青海和新疆。

资源利用：固沙保土。

戈壁驼蹄瓣 *Zygophyllum gobicum*

别　　名：戈壁霸王
英 文 名：Gobi zygophyllum
形态特征：多年生草本，有时全株灰绿色，茎有时带橘红色，基部多分枝，铺散，枝长 10 ~ 20 厘米。托叶常离生，卵形；小叶 1 对，斜倒卵形，茎基部叶最大，向上渐小。花梗 2 并生于叶腋；萼片 5，绿色或橘红色；花瓣 5，淡绿色或橘红色，比萼片短小；雄蕊长于花瓣。浆果状蒴果下垂，椭圆形，两端钝，不开裂。花期 6 月，果期 8 月。
生　　境：砾石戈壁。
地理分布：内蒙古、甘肃、新疆。
资源利用：固沙保土。

甘肃驼蹄瓣 *Zygophyllum kansuense*

别　　名：甘肃霸王

英 文 名：Gansu zygophyllum

形态特征：多年生草本。高 7 ~ 15
厘米。根木质。茎基部
分枝，嫩枝具乳头状突
起和钝短刺毛。叶柄具
翼；小叶 1 对，倒卵形
或矩圆形。花 1 ~ 2 孕
生于叶腋；花梗具乳头
状突起，后期脱落；萼
片绿色，边缘白色；花
瓣与萼片近等长，白
色，稍带橘红色；雄蕊
短于花瓣。蒴果披针
形，先端渐尖，稍具
棱。花期 5 ~ 7 月，果
期 6 ~ 8 月。

生　　境：戈壁、山前平原。

地理分布：甘肃。

蝎虎驼蹄瓣 *Zygophyllum mucronatum*

别　　名：念念、蝎虎霸王、蝎虎草

英 文 名：Crab zygophyllum

形态特征：多年生草本，高 15 ~ 25 厘米。茎多数，多分枝，细弱，平卧或开展，具沟棱和粗糙皮刺。叶柄及叶轴具扁平翼；小叶 2 ~ 3 对，条形或条状矩圆形，顶端具刺尖。花 1 ~ 2 朵腋生；花瓣 5，上部近白色，下部橘红色，基部渐窄成爪；雄蕊长于花瓣，橘黄色。蒴果披针形、圆柱形，稍具 5 棱，5 心皮，每室有 1 ~ 4 种子。花期 6 ~ 8 月，果期 7 ~ 9 月。

生　　境：低山山坡、山前平原、冲积扇、河流阶地、黄土山坡。

地理分布：内蒙古、宁夏、青海、甘肃。

大花驼蹄瓣 *Zygophyllum potaninii*

别　　名： 大花霸王

英 文 名： Bigflower beancaper

形态特征： 多年生草本，高 10 ~ 25 厘米。茎直立或开展，基部多分枝，粗壮。叶轴具翼；小叶 1 ~ 2 对，肥厚。花梗短于萼片，花后伸长；花 2 ~ 3 腋生，下垂；萼片倒卵形，稍黄色；花瓣白色，下部橘黄色；雄蕊长于萼片。蒴果下垂，卵圆状球形或近球形，具 5 翅，每室种子 4 ~ 5。种子斜卵形。花期 5 ~ 6 月，果期 6 ~ 8 月。

生　　境： 砾质荒漠、石质低山坡。

地理分布： 内蒙古、甘肃、新疆。

翼果驼蹄瓣 *Zygophyllum pterocarpum*

别　　名：翼果霸王

英 文 名：Wingfruit beancaper

形态特征：多年生草本，高
10～20厘米。茎多
数，细弱，开展。托叶
卵形，扁平，具翼；小
叶2～3对，条状矩圆
形或披针形，灰绿色。
花1～2生于叶腋；萼
片椭圆形；花瓣矩圆状
倒卵形，稍长于萼片，

上部白色，下部橘红色；雄蕊不伸出花瓣。蒴果矩圆状卵形或卵圆形，
两端常圆钝，翅宽2～3毫米。花期5～6月，果期6～8月。

生　　境：石质山坡、洪积扇、盐化沙土。

地理分布：内蒙古、甘肃、新疆。

豆科 Fabaceae

骆驼刺属

骆驼刺 *Alhagi sparsifolia*

别　　名：骆驼草

英 文 名：Manaplant alhagi

形态特征：半灌木，高 25 ~ 40 厘米。茎直立，具细条纹，无毛或幼茎具短柔毛，从基部开始分枝，枝条平行。叶互生，先端圆形，具短硬尖，基部楔形，全缘，无毛，具短柄。总状花序，腋生，花序轴变成坚硬的锐刺，无毛，当年生枝条的刺上具花 3 ~ 8，老茎的刺上无花；花萼钟状；花冠深紫红色。荚果线形，常弯曲，几无毛。

生　　境：荒漠地区的沙地、河岸、农田。

地理分布：内蒙古、甘肃、青海和新疆。

资源利用：防风固沙，刺糖用于治疗腹痛腹胀、痢疾腹泻、滋补强壮。

沙冬青属

沙冬青 *Ammopiptanthus mongolicus*

别　　名：蒙古沙冬青、冬青

英 文 名：Mongolian ammopiptanthus

形态特征：常绿灌木，高 1.5 ~ 2 米，粗壮；树皮黄绿色。茎多叉状分枝，具沟棱。3 小叶，偶为单叶；小叶菱状椭圆形或阔披针形，两面密被银白色茸毛，全缘；总状花序顶生于枝端，8 ~ 12 朵密集；苞片卵形，密被短柔毛，脱落；萼钟形，薄革质；花冠黄色，花瓣均具长瓣柄。荚果扁平，线形；种子 2 ~ 5。种子圆肾形。花期 4 ~ 5 月，果期 5 ~ 6 月。

生　　境：沙丘、河滩边台地。

地理分布：内蒙古、宁夏、甘肃。

资源利用：防风固沙，蜜源植物，观赏，药用（祛风、活血、止痛）。

紫穗槐属

紫穗槐 *Amorpha fruticosa*

别　　名： 紫槐

英 文 名： Falseindigo

形态特征： 落叶灌木，丛生，高 1 ～ 4 米。小枝灰褐色，嫩枝密被短柔毛。叶互生，奇数羽状复叶，小叶 11 ～ 25；小叶先端有一短而弯曲的尖刺，下面有白色短柔毛，具黑色腺点。穗状花序常 1 至数朵顶生和枝端腋生；旗瓣紫色，无翼瓣和龙骨瓣；雄蕊 10，下部合生成鞘，上部分裂，包于旗瓣之中，伸出花冠外。荚果下垂，微弯曲，棕褐色，表面有凸起的疣状腺点。花果期 5 ～ 10 月。

生　　境： 山坡、山谷、道旁。

地理分布： 广泛栽培。

资源利用： 绿肥，蜜源，观赏。

黄耆属

斜茎黄耆 *Astragalus adsurgens*

别　　名：直立黄耆、沙打旺、直立黄芪

英 文 名：Erect milkvetch

形态特征：多年生草本，高 20 ～ 100 厘米。根较粗壮，暗褐色。茎多数或数个丛生，直立或斜上。羽状复叶有 9 ～ 25 小叶。总状花序穗状，多数花；花萼被黑褐色或白色毛，或有时被黑白混生毛；花冠近蓝色或红紫色。荚果长圆形，两侧稍扁，背缝凹入成沟槽，顶端具下弯的短喙，被黑色、褐色或和白色混生毛，假 2 室。花期 6 ～ 8 月，果期 8 ～ 10 月。

生　　境：向阳山坡灌丛及林缘地带。

地理分布：东北、华北、西北、西南。

资源利用：固沙，种子药用（治疗神经衰弱）。

荒漠黄耆 *Astragalus alaschanensis*

英 文 名： Desert milkvetch

形态特征： 多年生草本，高 10 ~ 20 厘米。根粗壮，直伸。茎极短缩，多数丛生。羽状复叶有 11 ~ 27 小叶；小叶先端钝圆，两面被开展白色毛。多花生于基部叶腋；苞片被白色开展的毛；花萼管状，被毡毛状白色毛；花冠粉红色或紫红色，旗瓣先端圆形微凹。荚果卵形，微膨胀，先端渐尖成喙，基部圆形，密被白色长硬毛。种子橘黄色。花期 5 ~ 6 月，果期 7 ~ 8 月。

生　　境： 干旱区沙地。

地理分布： 内蒙古、宁夏、甘肃。

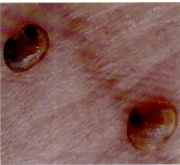

准噶尔黄耆 *Astragalus gebleri*

英 文 名： Gebler milkvetch

形态特征： 半灌木，高 30 ～ 40 厘米；树皮灰黄色；老枝粗硬，木质化，全株密被伏贴的白色短茸毛。羽状复叶通常有 5（7）小叶，生于枝下部的仅有 3 小叶；叶轴坚硬，宿存，刺状；小叶线状披针形，先端锐尖。总状花序生 5 ～ 6 花，排列稀疏；苞片卵圆形；花萼管状钟形；花冠紫红色。荚果卵圆形，薄革质，假 2 室。花期 5 ～ 6 月，果期 7 月。

生　　境： 流动沙地。

地理分布： 新疆。民勤沙生植物园有引种。

资源利用： 固沙。

长毛荚黄耆 *Astragalus macrotrichus*

英 文 名：Long-hairy pod milkvetch

形态特征：多年生草本，高 3～6 厘米，被白色伏贴长粗毛。茎极短缩，不明显。叶有 3 小叶，密集覆盖地表；小叶近无柄，先端具短尖头，两面被白色伏贴粗毛。总状花序生 1～2 花，生于基部叶腋；花萼钟状管形，被白色开展的毛；花冠淡黄色（干时）；子房长圆柱状，密被白色长毛。荚果长圆形，膨胀，两端尖，密被白色长柔毛。花期 4～5 月，果期 5～6 月。

生　　境：干旱草原、戈壁滩上。

地理分布：内蒙古、山西、甘肃、新疆。

资源利用：固沙。

黄耆 *Astragalus membranaceus*

别　　名： 膜荚黄耆、黄芪

英 文 名： Milkvetch huangchi

形态特征： 多年生草本，高50～100厘米。茎直立，上部多分枝，有细棱，被白色柔毛。羽状复叶有13～27小叶；小叶椭圆形，上面近无毛，下面被伏贴白色柔毛。总状花序稍密，有10～20朵花；苞片线状披针形；花萼钟状；花冠黄色或淡黄色。荚果薄膜质，稍膨胀，半椭圆形，顶端具刺尖；种子3～8粒。花期6～8月，果期7～9月。

生　　境： 林缘、灌丛、疏林、山坡草地或草甸。

地理分布： 东北、华北及西北。

资源利用： 药用。

糙叶黄耆 *Astragalus scaberrimus*

别　　名：粗糙紫云英、春黄耆

英 文 名：Rough leaf milkvetch

形态特征：多年生草本，密被白色伏贴毛。根状茎短缩，多分枝，木质化；地上茎不明显或极短，有时伸长而匍匐。羽状复叶有 7 ~ 15 小叶；叶柄与叶轴等长或稍长。总状花序生 3 ~ 5 花，排列紧密或稍稀疏；苞片披针形；花萼管状，被细伏贴毛；花冠淡黄色或白色；子房有短毛。荚果披针状长圆形，微弯。花期 4 ~ 8 月，果期 5 ~ 9 月。

生　　境：山坡石砾质草地、草原、沙丘及沿河流两岸的沙地。

地理分布：东北、华北、西北。

资源利用：牛羊喜食，可作牧草及保持水土植物；可作抗癌药物。

纹茎黄耆 *Astragalus sulcatus*

英 文 名： Sulcatestem milkvetch

形态特征： 多年生草本，高 30～80 厘米。茎直立，丛生，有条纹和短分枝。羽状复叶有 15～23 小叶；小叶线状长圆形，主脉凸起，明显。总状花序具稀疏的花；花萼钟状，被白色或黑色伏贴细毛；花冠淡紫色。荚果斜立，线状长圆形，腹缝线龙骨状凸起，背缝线有沟槽，先端锐尖，疏生白色或黑白色混生伏贴毛。花期 5～6 月，果期 6～7 月。

生　　境： 山沟、河道、农田边缘。

地理分布： 甘肃、新疆。

资源利用： 固沙。

拟狐尾黄耆 *Astragalus vulpinus*

英 文 名： False moxtail milkvetch

形态特征： 多年生草本。根圆锥形。茎不分枝，直立，高 25 ～ 50 厘米，有细棱，中空，疏被开展、白色柔毛。羽状复叶有 25 ～ 31 小叶，连同叶轴散生白色长柔毛或近无毛；托叶基部与叶柄合生，疏被白色长柔毛；小叶近对生。总状花序紧密，生多数花；苞片线状披针形；花萼钟状；花冠黄色。荚果卵形，假 2 室。花期 5 ～ 6 月，果期 6 ～ 7 月。

生　　境： 沙丘、戈壁。

地理分布： 新疆北部。民勤沙生植物园有引种。

锦鸡儿属

刺叶锦鸡儿 *Caragana acanthophylla*

英 文 名: Spinyleaf peashrub

形态特征: 灌木,高 0.7 ~ 1.5 米,由基部多分枝。老枝深灰色,一年生枝浅褐色,有条棱,被伏贴短柔毛。羽状复叶有(2)3 ~ 4(5)对小叶;托叶在长枝者宿存硬化成针刺,短枝者脱落;叶轴在长枝者硬化成针刺,宿存,短枝者纤细,脱落;小叶有刺尖。花梗单生,中上部具关节;花萼钟状管形;花冠黄色。花期 4 ~ 5 月,果期 7 月。

生　　境: 干山坡、山前平原、河谷、沙地。

地理分布: 新疆北部。民勤沙生植物园有引种。

资源利用: 饲用,水土保持。

树锦鸡儿 *Caragana arborescens*

别　　名：小黄刺条、黄槐

英 文 名：Siberian peashrub

形态特征：小乔木或大灌木，高 2～6 米；老枝深灰色，平滑，稍有光泽，小枝有棱，绿色或黄褐色。羽状复叶有 4～8 对小叶；托叶针刺状，长枝者脱落；小叶先端圆钝，具刺尖。花梗 2～5 簇生，每梗 1 花，关节在上部；花萼钟状；花冠黄色。荚果圆筒形，先端渐尖，无毛。花期 5～6 月，果期 8～9 月。

生　　境：林间、林缘。

地理分布：内蒙古、陕西、甘肃东部、新疆等。本区有引种。

资源利用：观赏及绿化。

边塞锦鸡儿 *Caragana bongardiana*

别　　名：邦卡锦鸡儿

英 文 名：Bongard peashrub

形态特征：灌木，高 0.5 ~ 1.5 米。老枝淡褐色，不规则纵裂；嫩枝具棱，被柔毛。羽状复叶有 2 ~ 3 对小叶；托叶狭披针形，硬化呈短针刺，宿存；叶轴全部硬化宿存；小叶狭倒卵形，先端有刺尖，基部楔形，两面被伏贴柔毛。花梗关节在基部，密被茸毛；花萼管状；花冠黄色。荚果筒状，密被茸毛。花期 5 ~ 6 月，果期 6 ~ 7 月。

生　　境：石质山坡。

地理分布：新疆。民勤沙生植物园有引种。

资源利用：水土保持。

绢毛锦鸡儿 *Caragana hololeuca*

英 文 名：Sericeous peashrub

形态特征：灌木，高 30 ～ 50 厘米，多分枝。老枝黄褐色或黄色，片状剥落；小枝有条棱。托叶先端渐尖成针刺，硬化宿存；长枝上叶轴粗壮下弯，短枝上叶轴脱落；小叶 2 对，短枝者密，近羽状，长枝者羽状，具刺尖，两面密被伏贴绢毛。花单生，梗极短，关节在基部；花萼管状，密被白色茸毛；花冠黄色。荚果披针形。花期 5 ～ 6 月，果期 7 ～ 8 月。

生　　境：沙丘、戈壁、干旱砾石或黏土山坡。

地理分布：新疆北部。

资源利用：水土保持。

柠条锦鸡儿 *Caragana korshinskii*

别　　名：柠条、白柠条、毛条

英 文 名：Korshinsk peashrub

形态特征：灌木，高 1 ~ 4 米；老枝金黄色，有光泽；嫩枝被白色柔毛。羽状复叶有 6 ~ 8 对小叶；托叶在长枝者硬化成针刺，宿存；叶轴脱落；小叶披针形或狭长圆形，先端锐尖或稍钝，有刺尖，灰绿色，两面密被白色伏贴柔毛。花梗密被柔毛，关节在中上部；花萼管状钟形。荚果扁，披针形。花期 5 月，果期 6 月。

生　　境：固定、半固定沙地或覆沙地。

地理分布：内蒙古、宁夏、甘肃。

资源利用：饲用，固沙，水土保持。

白皮锦鸡儿 *Caragana leucophloea*

英 文 名： White-bark peashrub

形态特征： 灌木，高 1 ~ 1.5 米。树皮黄白色或黄色，有光泽；小枝有条棱，嫩时被短柔毛，常带紫红色。假掌状复叶有 4 小叶，托叶在长枝者硬化成针刺，宿存，在短枝者脱落；叶柄在长枝者硬化成针刺，宿存，短枝上的叶无柄，簇生，小叶狭倒披针形，先端有短刺尖，两面绿色。花萼钟状，萼齿三角形；花冠黄色；子房无毛。荚果圆筒形，内外无毛。花期 5 ~ 6 月，果期 7 ~ 8 月。

生 境： 干山坡、山前平原、山谷、戈壁滩。

地理分布： 内蒙古（阿拉善右旗）、甘肃河西走廊（高台、安西）、新疆东部和北部。

资源利用： 固沙，水土保持。

灰叶锦鸡儿 *Caragana microphylla* var. *cinerea*

英 文 名： Grey-leaf peashrub

形态特征： 小叶锦鸡儿之变种。灌木，最高可达 2 米。茎褐色；单轴分枝；被腺毛和刺毛；2 ～ 8 偶数羽状复叶；托叶披针形或宽披针形；叶先端钝或锐尖；基部圆形；边缘波皱，花两性；总状花序；苞片短于萼；萼筒钟状；花冠紫色，带白色；荚果坚硬，扁；种子圆肾形。

生　　境： 沙地、沙丘及干燥山坡地。

地理分布： 东北、华北及西北。

资源利用： 固沙，水土保持。

小叶锦鸡儿 *Caragana microphylla*

英文名：Little-leaf peashrub

形态特征：灌木，高 1 ~ 2（3）米；老枝深灰色或黑绿色，嫩枝被毛，直立或弯曲。羽状复叶有 5 ~ 10 对小叶；托叶脱落；小叶倒卵形或倒卵状长圆形，先端圆或钝，很少凹入，具短刺尖。花梗近中部具关节，被柔毛；花萼管状钟形；花冠黄色；子房无毛。荚果圆筒形，稍扁，具锐尖头。花期 5 ~ 6 月，果期 7 ~ 8 月。

生　　境：固定、半固定沙地，山前荒漠。

地理分布：东北、华北、山东、陕西、甘肃。

资源利用：饲用，固沙。

甘蒙锦鸡儿 *Caragana opulens*

英 文 名： Kansu-Mongolian peashrub

形态特征： 灌木，高 40 ～ 60 厘米。树皮灰褐色，有光泽；小枝灰白色，有明显条棱。假掌状复叶有 4 小叶；托叶在长枝者硬化成针刺，在短枝者较短，脱落；小叶倒卵状披针形，有短刺尖。花梗单生，关节在顶部或中部以上；花萼钟状管形；花冠黄色，旗瓣有时略带红色。荚果圆筒状，先端短渐尖，无毛。花期 5 ～ 6 月，果期 6 ～ 7 月。

生　　境： 干山坡、沟谷、丘陵。

地理分布： 内蒙古、山西、陕西、宁夏、甘肃、青海等。

资源利用： 饲用，水土保持。

粉刺锦鸡儿 *Caragana pruinosa*

英 文 名：Waxy-Powdery peashrub

形态特征：灌木，高 0.4 ~ 1 米。老枝绿褐色或黄褐色，有条纹；一年生枝褐色，嫩枝密被短柔毛。托叶卵状三角形，褐色，被短柔毛，先端有刺尖；叶轴在长枝者硬化成粗壮针刺，宿存，短枝上的脱落；小叶在长枝者 2 ~ 3 对，羽状，短枝者 2 对，假掌状，倒披针形，有刺尖。花梗单生；花萼管状；花冠黄色。荚果线形，扁。花期 5 月，果期 7 月。

生　　境：干山坡。

地理分布：新疆。民勤沙生植物园有引种。

资源利用：饲用，水土保持。

秦晋锦鸡儿 *Caragana purdomii*

别　　名：普氏锦鸡儿、马柠条

英 文 名：Purdom peashrub

形态特征：灌木，高 1.5 ~ 3 米；老枝深灰绿色或褐色，嫩枝疏被伏贴柔毛。羽状复叶有 5 ~ 8 对小叶；托叶硬化成针刺，开展或反曲；小叶先端凹入或锐尖，具刺尖，两面疏被柔毛。花梗单生或 2 ~ 4 簇生，关节在上部；苞片钻形；花萼钟状管形；花冠黄色。荚果两端稍扁而尖。花期 5 月，果期 7 ~ 9 月。

生　　境：黄土丘陵、阳坡。

地理分布：内蒙古、山西、陕西。民勤沙生植物园有栽培。

资源利用：水土保持。

荒漠锦鸡儿 *Caragana roborovskyi*

别　　名：洛氏锦鸡儿、猫耳刺

英 文 名：Desert peashrub

形态特征：灌木，高 0.3 ~ 1 米，直立或外倾，由基部多分枝，除老枝外全株密被白色柔毛。老枝黄褐色，被深灰色剥裂皮。羽状复叶有 3 ~ 6 对小叶；托叶膜质，先端具刺尖；叶轴宿存，全部硬化成针刺；小叶具刺尖。花梗单生，关节在中部到基部；花萼管状；花冠黄色，旗瓣有时带紫色。荚果圆筒状，先端具尖头，花萼常宿存。花期 5 月，果期 6 ~ 7 月。

生　　境：干山坡、山沟、黄土丘陵、沙地。

地理分布：内蒙古西部、宁夏、甘肃、青海东部、新疆。

资源利用：饲用，固沙，水土保持。

红花锦鸡儿 *Caragana rosea*

别　　名： 金雀儿、黄枝条

英 文 名： Redflower peashrub

形态特征： 灌木，高 0.4 ~ 1 米。树皮绿褐色或灰褐色，小枝细长，具条棱，托叶在长枝者成细针刺，短枝者脱落；叶柄脱落或宿存成针刺；叶假掌状；小叶 4，楔状倒卵形，具刺尖，近革质。花梗单生，关节在中部以上，无毛；花萼管状，常紫红色；

花冠黄色、紫红色或全部淡红色，凋时变为红色。荚果圆筒形，具渐尖头。花期 4 ~ 6 月，果期 6 ~ 7 月。

生　　境： 山坡及沟谷。

地理分布： 东北、华北、华东、河南。本区有引种。

资源利用： 饲用，绿化。

多刺锦鸡儿 *Caragana spinosa*

英 文 名： Spiny peashrub

形态特征： 矮灌木，高 20 ~ 50 厘米。枝条伸展，多刺。老枝黄褐色，有棱条；小枝红褐色。托叶三角状卵形，无针刺或极短；叶轴在长枝者红褐色或黄褐色，粗壮，硬化宿存；小叶在长枝者常 3 对，羽状，短枝者 2 对，簇生，被伏贴柔毛。花梗单生或 2 并生，关节在中下部；花萼管状，萼齿边缘有毛；花冠黄色。花期 6 ~ 7 月，果期 9 月。

生　　境： 干山坡。

地理分布： 新疆。本区有引种。

资源利用： 水土保持，饲用。

小冠花属

绣球小冠花 *Coronilla varia*

别　　名：多变小冠花、小冠花

英 文 名：Crown vetch

形态特征：多年生草本，茎直立，多分枝，高 50 ~ 100 厘米。茎、小枝具条棱，髓心白色。奇数羽状复叶，具小叶 11 ~ 17（~ 25）；小叶薄纸质，先端具短尖头；伞形花序腋生；总花梗疏生小刺，花 5 ~ 10（20），密集排列成绣球状；花萼膜质；花冠紫色、淡红色或白色，有明显紫色条纹。荚果细长圆柱形，具 4 棱，各荚节 1 粒种子。花期 6 ~ 7 月，果期 8 ~ 9 月。

生　　境：沟渠、道旁。多栽培。

地理分布：多地引种栽培。

资源利用：观赏，药用（强心利尿）。

甘草属

洋甘草 *Glycyrrhiza glabra*

别　　名：光果甘草、光甘草、欧甘草

英 文 名：Licorice

形态特征：多年生草本；根与根状茎粗壮，根皮褐色，里面黄色，具甜味。茎直立而多分枝，高0.5～1.5米，密被淡黄色鳞片状腺点和白色柔毛。小叶11～17，下面密被淡黄色鳞片状腺点。总状花序腋生，具多数密生的花；花萼钟状，萼齿5；花冠紫色或淡紫色。荚果长圆形，扁，微作镰形弯，有时在种子间微缢缩。花期5～6月，果期7～9月。

生　　境：河岸阶地、沟边、田边、路旁，较干旱的盐渍化土壤。

地理分布：东北、华北、西北。

资源利用：药用。

胀果甘草 *Glycyrrhiza inflata*

英 文 名： Inflate fruit licorice

形态特征： 多年生草本；根外皮褐色，里面淡黄色，有甜味。茎直立，基部带木质，多分枝，高 50 ~ 150 厘米。叶柄、叶轴、叶片均密被褐色鳞片状腺点；小叶 3 ~ 9，边缘多少波状。总状花序腋生，具多数疏生的花；花萼钟状，萼齿 5；花冠紫色或淡紫色。荚果椭圆形或长圆形，被褐色的腺点和刺毛状腺体。花期 5 ~ 7 月，果期 6 ~ 10 月。

生　　境： 河岸阶地、农田边或荒地。

地理分布： 甘肃（敦煌、安西、金塔等）。

甘草 *Glycyrrhiza uralensis*

别　　名：乌拉尔甘草

英 文 名：Ural licorice

形态特征：多年生草本，通体被黄色腺点和短柔毛；根与根状茎粗壮，外皮褐色，里面淡黄色，具甜味。茎直立，多分枝，高30～120厘米，叶边缘全缘或微呈波状。总状花序腋生，具多数花；苞片褐色；萼齿5；花冠紫色、白色或黄色；子房密被刺毛状腺体。荚果弯曲呈镰刀状或呈环状，密集成球，密生瘤状突起和刺毛状腺体。花期6～8月，果期7～10月。

生　　境：干旱、半干旱的荒漠草原，沙漠边缘和黄土丘陵地带。

地理分布：新疆、内蒙古、宁夏、甘肃、山西。

资源利用：根和根状茎供药用（清热解毒、祛痰止咳）。

铃铛刺属

 铃铛刺 *Halimodendron halodendron*

别　　名：盐豆木、耐碱树
英 文 名：Siberian salttree
形态特征：灌木，高 0.5 ~ 2 米。分枝密；长枝褐色至灰黄色，有棱，无毛；当年生小枝密被白色短柔毛。叶轴宿存，呈针刺状；小叶倒披针形。总状花序生 2 ~ 5 花；总花梗密被绢质长柔毛；

小苞片钻状；花萼密被长柔毛。荚果，背腹稍扁，两侧缝线稍下凹，无纵隔膜，先端有喙，裂瓣通常扭曲；种子小，微呈肾形。花期 7 月，果期 8 月。

生　　境：荒漠盐化沙土和河流沿岸的盐质土。
地理分布：内蒙古西北部和新疆、甘肃河西走廊沙地。
资源利用：改良盐碱土和固沙。

岩黄耆属

塔落岩黄耆 *Hedysarum fruticosum* var. *laeve*

英 文 名： Smooth shrubby sweetvetch

形态特征： 山竹岩黄耆之变种。半灌木或小半灌木，高40～80厘米。茎直立，多分枝，幼枝被灰白色柔毛；老枝常无毛，外皮灰白色。叶轴及小叶片被短柔毛，小叶11～19。总状花序腋生，花序轴被短柔毛，具4～14朵花；花萼钟状，被短柔毛，花冠紫红色。荚果2～3节；节荚椭圆形，两侧膨胀，成熟荚果无刺。花期7～8月，果期8～9月。

生　　境： 半固定沙丘和沙地。

地理分布： 宁夏、内蒙古等。本区有引种。

资源利用： 饲用，固沙。

红花岩黄耆 *Hedysarum multijugum*

别　　名：红花岩黄芪

英 文 名：Redflower sweetvetch

形态特征：半灌木或仅基部木质化而呈草本状，高 40 ~ 80 厘米，茎直立，多分枝，具细条纹，密被灰白色短柔毛。托叶棕褐色干膜质；叶轴被灰白色短柔毛；阔卵形小叶通常 15 ~ 29。总状花序腋生；花 9 ~ 25，疏散排列；萼斜钟状；花冠紫红色或玫瑰状红色。荚果通常 2 ~ 3 节，被短柔毛，两侧稍凸起，边缘具较多的刺。花期 6 ~ 8 月，果期 8 ~ 9 月。

生　　境：砾石质洪积扇、河滩。

地理分布：甘肃、宁夏、内蒙古、新疆、青海、河南等。

资源利用：药用（强心、利尿、消肿）。

细枝岩黄耆 *Hedysarum scoparium*

别　　名：花棒、花子柴
英 文 名：Slenderbranch sweetvetch
形态特征：半灌木，高80～300厘米。
　　　　　茎直立，多分枝，茎皮亮黄
　　　　　色，呈纤维状剥落。托叶褐
　　　　　色干膜质，易脱落。茎下部
　　　　　叶具小叶7～11，中上部的
　　　　　3～5，最上部的仅叶轴或仅
　　　　　具1片顶生小叶；小叶片灰绿
　　　　　色。总状花序腋生；花少数，
　　　　　疏散排列；花萼钟状；花冠紫
　　　　　红色。荚果2～4节，具明显
　　　　　细网纹和白色密毡毛；种子圆
　　　　　肾形。花期6～9月，果期
　　　　　8～10月。
生　　境：干旱区流沙环境。
地理分布：内蒙古、宁夏、甘肃、新疆。
资源利用：防风固沙。

胡枝子属

胡枝子 *Lespedeza bicolor*

英 文 名：Bicolor bush clover, Lespedeza

形态特征：直立灌木，高 1 ~ 3 米，多分枝，小枝黄色或暗褐色，有条棱。羽状复叶具 3 小叶；托叶 2，线状披针形；小叶质薄，先端具短刺尖，全缘。总状花序腋生，常构成大型、较疏松的圆锥花序；小苞片 2，卵形，黄褐色；花萼 5 浅裂；花冠红紫色；子房被毛。荚果斜倒卵形，稍扁，密被短柔毛。花期 7 ~ 9 月，果期 9 ~ 10 月。

生　　境：山坡、林缘、路旁、灌丛及杂木林间。

地理分布：东北、西北等广布。

资源利用：饲用，防风固沙及水土保持。

兴安胡枝子 *Lespedeza davurica*

别　　名： 达呼尔胡枝子、毛果胡枝子

形态特征： 小灌木，高达 1 米。茎通常稍斜升，单一或数个簇生；老枝黄褐色或赤褐色，幼枝绿褐色，有细棱，被白色短柔毛。羽状复叶具 3 小叶；小叶有小刺尖，基部圆形，上面无毛，下面被贴伏的短柔毛；顶生小叶较大。总状花序腋生，总花梗密生短柔毛；花萼 5 深裂，外面被白毛；花冠白色或黄白色，旗瓣中央稍带紫色；闭锁花生于叶腋，结实。荚果小，倒卵形或长倒卵形，有毛，包于宿存花萼内。花期 7 ~ 8月，果期 9 ~ 10 月。

生　　境： 干旱山坡、草地、路旁及沙质地上。

地理分布： 东北、华北经秦岭淮河以北至西南各地。

资源利用： 为优良的饲用植物，亦可做绿肥。

牛枝子 *Lespedeza potaninii*

别　　名：牛筋子

英 文 名：Potanin bushclover

形态特征：半灌木，高 20 ～ 60
厘米。茎斜升或平
卧，基部多分枝，有
细棱，被粗硬毛。托
叶刺毛状；羽状复叶
具 3 小叶，小叶狭长
圆形，具小刺尖，上
面苍白绿色，无毛，

下面被灰白色粗硬毛。总状花序腋生；小苞片锥形；花萼密被长柔毛，
5 深裂，呈刺芒状；花冠黄白色，旗瓣中央及龙骨瓣先端带紫色。荚果倒
卵形，包于宿存萼内。花期 7 ～ 9 月，果期 9 ～ 10 月。

生　　境：荒漠草原带的沙质地、砾石地、丘陵地、石质山坡。

地理分布：辽宁西部、内蒙古、河北、宁夏、甘肃等。

资源利用：饲用，固沙及水土保持。

百脉根属

 百脉根 *Lotus corniculatus*

别　　名：	鸟足豆、五叶草、鸟距草
英 文 名：	Bird's foot trefoil
形态特征：	多年生草本，高 15 ~ 50 厘米。茎丛生，平卧或上升，实心，近四棱形。羽状复叶具小叶 5，顶端 3 小叶，基部 2 小叶呈托叶状，纸质；花 3 ~ 7 朵集生于总花梗顶端；苞片 3，叶状，宿存；萼钟形；花冠黄色或金黄色，干后常变蓝色；雄蕊两体，子房线形，无毛。荚果直，褐色，二瓣裂，扭曲；多数种子，细小。花期 5 ~ 9 月，果期 7 ~ 10 月。
生　　境：	山坡、草地、田野或河滩地。
地理分布：	温带广布。
资源利用：	饲用。

苜蓿属

野苜蓿 *Medicago falcata*

别　　名：黄花苜蓿、苜蓿草

英 文 名：Sickle alfalfa

形态特征：多年生草本，高 20 ~ 120 厘米。主根粗壮，木质。茎平卧或上升，圆柱形，多分枝。羽状三出复叶；托叶披针形至线状披针形；小叶具刺尖，基部楔形，边缘上部 1/4 具锐锯齿，上面无毛，下面被贴伏毛。花序短总状，具花 6 ~ 20（~ 25），稠密；萼钟形，被贴伏毛；花冠黄色，胚珠 2 ~ 5。荚果镰形。花期 6 ~ 8 月，果期 7 ~ 9 月。

生　　境：沙质偏旱耕地、山坡、草原及河岸杂草丛中。

地理分布：东北、华北、西北。河西走廊各地均有分布。

资源利用：饲用。

天蓝苜蓿 *Medicago lupulina*

英 文 名：Black medick

形态特征：草本，高 15 ~ 60 厘米，全株被柔毛或有腺毛。茎平卧或上升，多分枝。羽状三出复叶；托叶卵状披针形；小叶纸质，先端截平或微凹，具细尖，边缘在上半部具不明显尖齿，两面均被毛；顶生小叶较大。花序小头状，具花 10 ~ 20；萼钟形，密被毛；花冠黄色：胚珠 1。荚果肾形，熟时变黑；种子 1。花期 7 ~ 9 月，果期 8 ~ 10 月。

生　　境：河岸、路边、田野及林缘。

地理分布：全国广布。

资源利用：饲用。

花苜蓿 *Medicago ruthenica*

别　　名： 野苜蓿、多变小冠花
英 文 名： Rutheni medick
形态特征： 多年生草本，高 20 ~ 80
　　　　　　厘米。茎直立或斜升，
　　　　　　多分枝。三出复叶，托
　　　　　　叶披针状锥形，小叶边
　　　　　　缘有锯齿。总状花序腋
　　　　　　生，总花梗细长，具花
　　　　　　3 ~ 8，花小，花萼钟

状，花冠黄色具紫纹。荚果扁平，长圆形，种子 2 ~ 4。花期 7 ~ 8 月，
果期 8 ~ 9 月。
生　　境： 沙质地、丘陵坡地、河岸沙地、路旁。
地理分布： 河北、陕西、甘肃、山西。
资源利用： 饲用，固沙。

紫苜蓿 *Medicago sativa*

别　　名: 紫花苜蓿、牧蓿、苜蓿

英文名: Alfalfa

形态特征: 多年生草本,高 30 ~ 100 厘米。根粗壮。茎直立、丛生以至平卧,四棱形。羽状三出复叶;托叶大,卵状披针形;小叶纸质,先端钝圆。花序总状或头状,具花 5 ~ 30;总花梗挺直;花萼钟形,被贴伏柔毛;花冠淡黄色、深蓝色至暗紫色;胚珠多数。荚果螺旋状紧卷 2 ~ 4(~ 6)圈,熟时棕色;种子 10 ~ 20。花期 5 ~ 7 月,果期 6 ~ 8 月。

生　　境: 田边、路旁、旷野、草原、河岸及沟谷。

地理分布: 栽培或呈半野生状态。

资源利用: 饲用。

草木犀属

白花草木犀 *Melilotus albus*

别　　名：白花草木樨、白香草木樨

英 文 名：White sweet clover

形态特征：一年生、二年生草本，高70 ~ 200厘米。茎直立，圆柱形，中空，多分枝。羽状三出复叶；托叶尖刺状锥形；小叶先端钝圆，边缘疏生浅锯齿，上面无毛，下面被细柔毛。总状花序，腋生，具花40 ~ 100，排列疏松；苞片线形；萼钟形；花冠白色。荚果椭圆形至长圆形，棕褐色，老熟后变黑褐色；种子1 ~ 2。花期5 ~ 7月，果期7 ~ 9月。

生　　境：田边、路旁荒地及湿润的沙地。

地理分布：东北、华北、西北及西南。

资源利用：饲用，绿肥。

草木犀 *Melilotus officinalis*

别　　名：黄香草木樨、黄花草木樨

英 文 名：Yellow sweet clover

形态特征：二年生草本，高40～250厘米。茎直立，具纵棱。羽状三出复叶；托叶镰状线形，全缘或基部有1尖齿；叶柄细长；小叶边缘具不整齐疏浅齿，顶生小叶稍大。总状花序腋生，具花30～70，初时稠密，花开后随花序轴伸展而渐疏松；花萼钟形；花冠黄色。荚果卵形，棕黑色；种子1～2。花期5～9月，果期6～10月。

生　　境：道旁，荒地。

地理分布：东北、华北、西北及西藏。

资源利用：饲用，绿肥，蜜源，水土保持，药用。

驴食草属

驴食草 *Onobrychis viciifolia*

别　　名：红豆草、红羊草
英 文 名：Common sainfoin
形态特征：多年生草本，高 40 ～ 80 厘米。茎
直立，中空，被向上贴伏的短柔
毛。小叶 13 ～ 19，几无小叶柄；
小叶片上面无毛，下面被贴伏柔
毛。总状花序腋生，明显超出叶
层；花多数；萼钟状；花冠玫瑰紫
色，旗瓣倒卵形；子房密被贴伏柔
毛。荚果具 1 节荚，节荚半圆形，
上部边缘具或尖或钝的刺。
地理分布：华北、西北地区栽培。
资源利用：牧草，绿肥。

棘豆属

猫头刺 *Oxytropis aciphylla*

别　　名：刺叶柄棘豆、老虎爪子

英 文 名：Spinyleaf crazyweed

形态特征：垫状矮小半灌木，高 8 ~ 20 厘米。植株呈球状植丛。偶数羽状复叶；叶轴宿存，木质化硬刺状，嫩时灰绿色，老时淡黄色或黄褐色；小叶 4 ~ 6 对生，线形，具刺尖。腋生总状花序；花萼筒状；花冠红紫色、蓝紫色，以至白色。荚果硬革质，长圆形，腹缝线深陷，不完全 2 室；叶、花萼及荚果均密被白色贴伏柔毛。花期 5 ~ 6 月，果期 6 ~ 7 月。

生　　境：砾石质平原、薄层沙地、丘陵坡地及沙荒地。

地理分布：内蒙古、陕西、宁夏、甘肃、青海、新疆。

资源利用：固沙，饲用。

小花棘豆 *Oxytropis glabra*

别　　名：马绊肠、醉马草、绊肠草

英 文 名：Glabrous crazyweed

形态特征：多年生草本，高 20 ～ 80 厘米。茎分枝多，直立或铺散，长 30 ～ 70 厘米，绿色。羽状复叶；托叶草质；叶轴疏被开展或贴伏短柔毛；小叶 11 ～ 19（～ 27），披针形，上面无毛。稀疏总状花序；花萼钟形，被贴伏白色短柔毛，有时混生少量的黑色短柔毛；花冠淡紫色或蓝紫色。荚果长圆形，腹缝具深沟，背部圆形。花期 6 ～ 9 月，果期 7 ～ 9 月。

生　　境：荒地、田边、沼泽草甸、草地、盐土草滩。

地理分布：内蒙古、山西、陕西、甘肃、青海、新疆和西藏。

资源利用：药用（麻醉、镇静、止痛）；有毒。

刺槐属

刺槐 *Robinia pseudoacacia*

别　　名：洋槐

英 文 名：Yellow locust, Blackacacia

形态特征：落叶乔木，高10～25米；树皮灰褐色至黑褐色，浅裂至深纵裂。小枝灰褐色；托叶刺长达2厘米。羽状复叶；叶轴上面具沟槽；小叶2～12对，常对生，全缘。总状花序腋生，下垂，花多数，芳香；花萼斜钟状，萼齿5，密被柔毛；花冠白色；雄蕊二体；子房线形。荚果褐色，扁平，沿腹缝线具狭翅；花萼宿存。花期4～6月，果期8～9月。

地理分布：栽植。

资源利用：防风，固沙保土，材用，蜜源。

槐属

 苦豆子 *Sophora alopecuroides*

英 文 名： Foxtail-like sophora

形态特征： 草本，或基部木质化成亚灌木状，高约
1米。枝、叶被淡灰白色长柔毛或贴伏
柔毛。羽状复叶；小叶7~13对，对
生或近互生，纸质，先端钝圆或急尖，
常具小尖头。总状花序顶生；花多数
生；花萼5，萼齿明显，不等大；花冠
白色或淡黄色；雄蕊10，花丝不同程度
连合。荚果串珠状，直，具多数种子。
花期5~6月，果期8~10月。

生　　境： 干旱沙漠和草原边缘地带。

地理分布： 甘肃、青海、新疆、内蒙古、宁夏等。

资源利用： 固沙，药用（止痛、杀虫）。

苦马豆属

苦马豆 *Sphaerophysa salsula*

别　　名：泡泡豆、红花苦豆子

英 文 名：Salt globepea, Alkali swainsonpea

形态特征：半灌木或多年生草本，茎直立或下
部匍匐，高 30 ～ 60 厘米；枝开
展，具纵棱脊，被灰白色丁字毛；
托叶自茎下部至上部渐变小。小叶
11 ～ 21，具短尖头。总状花序；
花萼钟状；花冠初呈鲜红色，后变
紫红色。荚果椭圆形至卵圆形，
膨胀，先端圆，果瓣膜质。花期
5 ～ 8 月，果期 6 ～ 9 月。

生　　境：山坡、草原、荒地、沙滩、戈壁绿
洲、盐化草甸。

地理分布：陕西、宁夏、甘肃、青海、新疆等。

资源利用：绿 肥， 饲 用， 药 用（ 利 尿、
消肿）。

野决明属

 披针叶野决明 *Thermopsis lanceolata*

别　　名：披针叶黄华、牧马豆、黄华、披
　　　　　针叶黄花、野决明
英 文 名：Lanceleaf thermopsis
形态特征：多年生草本，高 12 ～ 30 厘米。
　　　　　茎直立，具沟棱，被黄白色贴伏
　　　　　或伸展柔毛。3 小叶；托叶叶状，
　　　　　卵状披针形；小叶狭长圆形、倒
　　　　　披针形。总状花序顶生，排列疏
　　　　　松；苞片线状卵形，宿存；萼钟
　　　　　形，密被毛。花冠黄色。荚果线
　　　　　形，先端具尖喙，被细柔毛，黄
　　　　　褐色，种子 6 ～ 14。种子黑褐
　　　　　色，具灰色蜡层，有光泽。花期
　　　　　5 ～ 7 月，果期 6 ～ 10 月。
生　　境：草原沙丘、河岸和砾滩。
地理分布：内蒙古、河北、山西、陕西、宁
　　　　　夏、甘肃。
资源利用：药用（祛痰止咳）；有毒。

远志科 Polygalaceae

远志属

西伯利亚远志 *Polygala sibirica*

别　　名：卵叶远志、阔叶远志、远志

英 文 名：Siberia milkwort

形态特征：多年生草本，高 10 ~ 30 厘米。茎丛生，常直立。叶互生，全缘，两面被短柔毛。总状花序腋外生或假顶生，具少数花；小苞片 3；萼片 5，外面 3 枚披针形，里面 2 枚近镰刀形，具缘毛；花瓣 3，蓝紫色，侧瓣基部内侧被柔毛，龙骨瓣具流苏状鸡冠状附属物；雄蕊 8。蒴果近倒心形，具狭翅及短缘毛。花期 4 ~ 7 月，果期 5 ~ 8 月。

生　　境：沙质土、石砾和石灰岩山地灌丛，林缘或草地。

地理分布：全国广布。

资源利用：绿化观赏，饲用。

蔷薇科 Rosaceae

桃属

 蒙古扁桃 *Amygdalus mongolica*

英 文 名：Mongolian peach

形态特征：旱生灌木，高 1 ~ 2 米；枝条开展，多分枝，小枝顶端成枝刺；嫩枝红褐色，老时灰褐色。短枝上叶多簇生，长枝上叶常互生；叶片宽椭圆形，先端圆钝，有时具小尖头。花单生稀数朵簇生于短枝上；萼筒钟形；花瓣倒卵形，粉红色；雄蕊多数。果实宽卵球形，外面密被柔毛；果梗短；果肉薄，成熟时开裂，离核。花期 5 月，果期 8 月。

生　　境：山地丘陵、石质坡地、山前洪积平原及干河床等地。

地理分布：内蒙古、甘肃及宁夏。

资源利用：种仁榨油，水土保持。

沼委陵菜属

西北沼委陵菜 *Comarum salesovianum*

英 文 名： Shrubby marsh cinquefoil

形态特征： 亚灌木，高 30 ~ 100 厘米；茎直立，有分枝，幼时有粉质蜡层，具长柔毛，红褐色。奇数羽状复叶，小叶 7 ~ 11，纸质，互生或近对生；叶轴带红褐色。聚伞花序有数朵疏生花；总梗及花梗有粉质蜡层及密生长柔毛；苞片及小苞片红褐色；萼片带红紫色；雄蕊约 20。瘦果外有宿存萼片包裹。花期 6 ~ 8 月，果期 8 ~ 10 月。

生　　境： 山坡、沟谷、河岸。

地理分布： 内蒙古、宁夏、甘肃、青海、新疆、西藏。

资源利用： 水土保持。

栒子属

灰栒子 *Cotoneaster acutifolius*

英 文 名： Water cotoneaster

形态特征： 落叶灌木，高 2 ～ 4 米；枝条开张，圆柱形，棕褐色或红褐色。叶片椭圆卵形，先端急尖，全缘；托叶线状披针形，脱落。花 2 ～ 5 成聚伞花序，花梗被长柔毛；苞片线状披针形；花萼筒钟状或短筒状；萼片三角形，先端急尖或稍钝；花瓣直立，白色外带红晕；雄蕊 10 ～ 15。果实椭圆形，黑色，内有小核 2 ～ 3 个。花期 5 ～ 6 月，果期 9 ～ 10 月。

生　　境： 山坡、山麓、山沟及丛林中。

地理分布： 内蒙古、甘肃、河北、山西、湖北、陕西、青海等。

资源利用： 固持水土。

黑果栒子 *Cotoneaster melanocarpus*

别　　名：黑果栒子木、黑果灰栒子
英 文 名：Black berry cotoneaster
形态特征：落叶灌木，高 1 ~ 2 米；枝条开展，
小枝褐色或紫褐色。叶片全缘，下面
被白色茸毛；叶柄具茸毛。花 3 ~ 15
成聚伞花序，总花梗和花梗具柔毛，
下垂；苞片线形；萼筒钟状；萼片
三角形；花瓣直立，近圆形，粉红
色；雄蕊 20；花柱 2 ~ 3，离生。
果实近球形，蓝黑色，有蜡粉，内
具 2 ~ 3 小核。花期 5 ~ 6 月，果期
8 ~ 9 月。

生　　境：山坡、疏林间或灌木丛。
地理分布：内蒙古、黑龙江、吉林、河北、甘肃、新疆。
资源利用：固持水土。

毛叶水栒子 *Cotoneaster submultiflorus*

英 文 名：Hairy cotoneaster

形态特征：落叶直立灌木，高 2 ～ 4 米；小枝细，圆柱形，棕褐色或灰褐色，幼时密被柔毛。叶全缘，下面具短柔毛；叶柄微具柔毛。花多数，成聚伞花序，总花梗和花梗具长柔毛；萼筒钟状，外面被柔毛；萼片外面被柔毛，内面无毛；花瓣平展，先端圆钝或稀微缺，白色；雄蕊 15 ～ 20，短于花瓣。果实近球形，亮红色。花期 5 ～ 6 月，果期 9 月。

生　　境：岩石缝间或灌木丛中。

地理分布：内蒙古、山西、陕西、甘肃、宁夏、青海、新疆。

资源利用：固持水土。

绵刺属

绵刺 *Potaninia mongolica*

英 文 名：Mongolian potaninia

形态特征：落叶矮小灌木，高 30 ~ 40 厘米，各部有长绢毛；茎多分枝，具宿存、坚硬而呈刺状的老叶柄，地下茎粗壮。三出复叶，叶柄短、坚硬，宿存；小叶革质，顶生小叶 3 全裂。花单生于叶腋；苞片卵形；萼筒漏斗状，萼片三角形，花瓣 3，卵形，白色或淡粉红色。瘦果长圆形，浅黄色，外有宿存萼筒。花期 6 ~ 9 月，果期 8 ~ 10 月。

生　　境：沙质荒漠。

地理分布：内蒙古、宁夏、甘肃。

资源利用：古老孑遗种，固沙，饲用。

委陵菜属

蕨麻 *Potentilla anserina*

别　　名： 鹅绒委陵菜、人参果、蕨麻委陵菜

英 文 名： Silverweed cinquefoil

形态特征： 多年生草本。茎匍匐，在节处生根，常着地长出新植株，外被伏生或半开展疏柔毛或脱落几无毛。基生叶为间断羽状复叶，有小叶 6 ~ 11 对。小叶对生或互生；小叶片边缘有多数尖锐锯齿或呈裂片状，下面密被紧贴银白色绢毛。单花腋生；萼片三角卵形；花瓣黄色。花期 5 ~ 7 月。

生　　境： 河滩沙地、潮湿草地、田边和路旁。

地理分布： 东北、西北、华北及西南。

资源利用： 食用，饲用，观赏。

二裂委陵菜 *Potentilla bifurca*

别　　名： 痔疮草、叉叶委陵菜

英 文 名： Bifurcate cinquefoil

形态特征： 多年生草本或亚灌木。花茎直立或上升，高 5 ~ 20 厘米，密被疏柔毛或微硬毛。羽状复叶，有小叶 5 ~ 8 对，最上面 2 ~ 3 对小叶基部下延与叶轴汇合；小叶片无柄，对生稀互生，顶端常 2 裂，稀 3 裂，伏生疏柔毛；下部叶托叶膜质，褐色，上部茎生叶托叶草质，绿色。近伞房状聚伞花序，顶生；萼片卵圆形；花瓣黄色。花果期 5 ~ 9 月。

生　　境： 道旁、沙滩、山坡草地、半干旱荒漠草原。

地理分布： 陕西、甘肃、宁夏、青海、新疆、黑龙江等。

资源利用： 饲用，药用（止血）。

朝天委陵菜 *Potentilla supina*

别　　名：伏委陵菜、铺地委陵菜
英 文 名：Carpet cinquefoil

形态特征：一年生或二年生草本。主根
　　　　　细长。茎平展，上升或直
　　　　　立，叉状分枝。基生叶羽状
　　　　　复叶，有小叶 2 ~ 5 对；
　　　　　小叶互生或对生，无柄，两
　　　　　面绿色；茎生叶与基生叶相
　　　　　似，向上小叶对数逐渐减
　　　　　少。花茎上多叶，下部花自
　　　　　叶腋生；花萼片三角卵形，
　　　　　副萼片长椭圆形；花瓣黄色，倒卵形，顶端微凹。瘦果长圆形。花果期
　　　　　3 ~ 10 月。

生　　境：田边、荒地、河岸沙地、草甸、山坡湿地。
地理分布：温带广布。
资源利用：饲用。

蔷薇属

弯刺蔷薇 *Rosa beggeriana*

别　　名：落花蔷薇
英 文 名：Curved-prickle rose
形态特征：灌木，高 1.5 ~ 3 米；分枝较多；
　　　　　小枝圆柱形，紫褐色，有基部膨
　　　　　大、浅黄色镰刀状皮刺。小叶
　　　　　5 ~ 9，上面有时有红晕。花数朵
　　　　　排列成伞房状或圆锥状花序；苞片
　　　　　边缘有带腺锯齿；萼筒近球形；萼
　　　　　片外面被腺毛，内面密被短柔毛；
　　　　　花瓣白色；花柱离生，有长柔毛。
　　　　　果近球形，红色转为黑紫色。花期
　　　　　5 ~ 7 月，果期 7 ~ 10 月。
生　　境：山坡、山谷、河边及路旁。
地理分布：甘肃、新疆。
资源利用：水土保持，观赏。

山莓草属

伏毛山莓草 *Sibbaldia adpressa*

形态特征：多年生草本。根木质细长，多分枝。花茎矮小，丛生，高 1.5 ~ 12 厘米，被绢状糙伏毛。基生叶为羽状复叶，有小叶 2 对，有时混生有 3 小叶，叶柄被绢状糙伏毛；顶生小叶片，倒披针形或倒卵长圆形，顶端截形；茎生叶 1 ~ 2，与基生叶相似。聚伞花序数朵，或单花顶生；花 5；萼片三角卵形，顶端急尖；花瓣黄色或白色，倒卵长圆形。瘦果表面有显著皱纹。花果期 5 ~ 8 月。

生　　境：农田边、山坡草地、砾石地及河滩地，海拔 600 ~ 4200 米。

地理分布：黑龙江、内蒙古、河北、甘肃、青海、新疆、西藏。

鲜卑花属

窄叶鲜卑花 *Sibiraea angustata*

英 文 名：Narrowleaf sibiraca

形态特征：灌木，高达 2 ~ 2.5 米；小枝圆柱形，微有棱角。叶在当年生枝条上互生，在老枝上通常丛生，叶片基部下延呈楔形，全缘。顶生穗状圆锥花序，总花梗和花梗均密被短柔毛；苞片披针形；萼筒浅钟状；花瓣宽倒卵形，白色；雄花具雄蕊 20 ~ 25，雌花具退化雄蕊；花盘环状，具 10 裂片。蓇葖果直立，具宿存直立萼片。花期 6 月，果期 8 ~ 9 月。

生　　境：山坡灌木丛中或山谷沙石摊上。

地理分布：青海、甘肃、云南、四川、西藏。

资源利用：水土保持。

胡颓子科 Elaeagnaceae

胡颓子属

 沙枣 *Elaeagnus angustifolia*

别　　名：香柳、银柳、银柳胡颓子

英 文 名：Russian olive, Oleaster

形态特征：落叶乔木或小乔木，高 5 ~ 10 米，无刺或具刺；幼枝密被银白色鳞片，老时脱落，红棕色，光亮。叶薄纸质，全缘，上面幼时具银白色鳞片，成熟后部分脱落，下面灰白色，密被白色鳞片，有光泽。花银白色，密被银白色鳞片，芳香；萼筒钟形；花柱直立；果实椭圆形，粉红色，密被银白色鳞片；果肉乳白色。花期 5 ~ 6 月，果期 9 月。

生　　境：山地、平原、沙滩、荒漠。

地理分布：北方广泛栽培。

资源利用：防风固沙，材用，蜜源，水土保持。

沙棘属

中国沙棘 *Hippophae rhamnoides* subsp. *sinensis*

别　　名：酸刺柳、黑刺

英 文 名：Seabuch thorn

形态特征：落叶灌木或乔木，高 1 ~ 5 米，高山沟谷可达 18 米，棘刺较多，粗壮，顶生或侧生；嫩枝褐绿色，密被银白色而带褐色鳞片或有时具白色星状柔毛，老枝灰黑色，粗糙。单叶近对生，纸质，被鳞片。果实圆球形，橙黄色或橘红色；种子小，阔椭圆形至卵形，黑色或紫黑色，具光泽。花期 4 ~ 5 月，果期 9 ~ 10 月。

生　　境：干涸河床地或山坡，多砾石或沙质土壤。

地理分布：甘肃、青海、河北、内蒙古、山西等。

资源利用：绿化，水土保持，果可食用。

鼠李科 Rhamnaceae

枣属

 枣 *Ziziphus jujuba*

别　　名：枣树、枣子、大枣

英 文 名：Common jujube, Chinese date

形态特征：落叶乔木，稀灌木，高达 10 余米；
长枝紫红色或灰褐色，呈"之"字形
曲折，具 2 个托叶刺，粗直，短刺下
弯；当年生小枝绿色，下垂。叶纸
质，基生三出脉。花黄绿色，两性，
5 基数，单生或 2 ～ 8 成腋生聚伞花
序；萼片卵状三角形；花瓣倒卵圆
形，基部有爪；花盘肉质厚，5 裂。核
果矩圆形，成熟时红色、红紫色。花
期 5 ～ 7 月，果期 8 ～ 9 月。

生　　境：山区、丘陵或平原。

地理分布：全国广泛栽培。

资源利用：食用，水土保持。

榆科 Ulmaceae

榆属

 榆树 *Ulmus pumila*

别　　名：榆、家榆
英 文 名：Siberian elm
形态特征：落叶乔木，高达 25 米，在干瘠之
地长成灌木状；幼树树皮平滑灰褐
色，大树之皮暗灰色，不规则深纵
裂，粗糙。叶椭圆状卵形，叶面平
滑无毛，边缘具重锯齿或单锯齿。
花先叶开放，在去年生枝的叶腋呈
簇生状。翅果近圆形，果核部分位
于翅果的中部，成熟前后其色与果
翅相同，初淡绿色，后白黄色。花
果期 3 ～ 6 月。

生　　境：山坡、山谷、川地、丘陵及沙岗等处，多栽培。
地理分布：东北、华北、西北及西南。
资源利用：材用，绿化。

大麻科 Cannabaceae

大麻属

大麻 *Cannabis sativa*

英 文 名： Marijuana

形态特征： 一年生直立草本，高 1～3 米，枝具纵沟槽，密生灰白色贴伏毛。叶掌状全裂，裂片披针形或线状披针形，中裂片最长，表面深绿，微被糙毛，背面幼时密被灰白色贴伏状毛后变无毛。雄花序长；花黄绿色，雄蕊 5；雌花绿色。瘦果为宿存黄褐色苞片所包，果皮坚脆，表面具细网纹。花期5～6 月，果期 7 月。

地理分布： 栽培或沦为野生。

资源利用： 果实作油料，叶配制麻醉剂，茎皮做纤维用。

桑科 Moraceae

葎草属

 啤酒花 *Humulus lupulus*

别　　名：忽布、酵母花、酒花
英 文 名：Common hop
形态特征：多年生攀缘草本，茎、枝和叶柄密生茸毛和倒钩刺。叶卵形或宽卵形，不裂或 3～5 裂，边缘具粗锯齿，表面密生小刺毛，背面疏生小毛和黄色腺点；叶柄长不超过叶片。雄花排列为圆锥花序，花被片与雄蕊均为 5；雌花每 2 朵生于一苞片腋间。果穗球果状；宿存苞片干膜质。瘦果扁平。花期秋季。
地理分布：本区有栽培。
资源利用：酿造啤酒和药用。

大戟科 Euphorbiaceae

大戟属

乳浆大戟 *Euphorbia esula*

别　　名：猫眼草、乳浆草
英 文 名：Leafy spurge
形态特征：多年生草本。圆柱直根；单生茎自基部多分枝，高 30 ~ 60 厘米。叶线形至卵形至松针状；无叶柄；总苞叶 3 ~ 5，与茎生叶同形；苞叶 2，常为肾形。花序单生于二歧分枝的顶端；总苞钟状。雄花多数；雌花 1；花柱 3，分离；柱头 2 裂。蒴果三棱状球形；成熟时分裂为 3 个分果爿。种子卵球状，成熟时黄褐色。花果期 4 ~ 10 月。
生　　境：路旁、杂草丛、山坡、林下、河沟边、荒山、沙丘及草地。
地理分布：全国广布。
资源利用：药用（利尿消肿、拔毒止痒）。

地锦 *Euphorbia humifusa*

别　　名： 地锦草、铺地锦

英 文 名： Humifuse euphoubia

形态特征： 一年生草本。根纤细，常不分枝。茎匍匐，自基部以上多分枝，偶尔先端斜向上伸展，基部常红色或淡红色。叶对生，矩圆形或椭圆形，边缘常于中部以上具细锯齿；叶面绿色，叶背淡绿色，有时淡红色。花序单生于叶腋；雄花多数；雌花1；花柱3，分离。蒴果三棱状卵球形。种子三棱状卵球形。花果期5～10月。

生　　境： 原野荒地、路旁、田间、沙丘、海滩、山坡。

地理分布： 全国广布。

资源利用： 药用（清热解毒、凉血止血）。

杨柳科 Salicaceae

杨属

新疆杨 *Populus alba* var. *pyramidalis*

别　　名：白杨、加拿大杨、新疆银白杨
英 文 名：Xinjiang poplar
形态特征：银白杨之变种。树冠窄圆柱形或尖塔形。树皮灰白或青灰色，光滑少裂。萌枝和长枝叶掌状深裂，基部平截；短枝叶圆形，有粗缺齿，侧齿几对称，基部平截，下面绿色几无毛。
生　　境：喜光，不耐阴，耐寒、耐旱、耐瘠薄及盐碱土。
地理分布：本区有栽培。
资源利用：防风林带，绿化。

银白杨 *Populus alba*

英 文 名：White poplar

形态特征：乔木，高 15 ～ 30 米。树干不直，雌株更歪斜；树冠宽阔。树皮白色至灰白色，平滑，下部常粗糙。小枝初被白色茸毛，萌条密被茸毛，灰绿或淡褐色。萌枝和长枝叶卵圆形，掌状 3 ～ 5 浅裂，初时两面被白茸毛；短枝叶较小，卵圆形或椭圆状卵形；上面光滑，下面被白色茸毛；叶柄略侧扁，被白茸毛。雄、雌花序轴有毛。花期 4 ～ 5 月，果期 5 月。

生　　境：湿润沙质土。

地理分布：本区有栽培。

资源利用：防风林带，材用，绿化。

胡杨 *Populus euphratica*

别　　名： 胡桐

英 文 名： Diversifolious poplar

形态特征： 乔木，高 10 ~ 15 米，稀灌木状。树皮淡灰褐色，下部条裂。苗期和萌枝叶披针形，老枝及冠层叶卵圆状披针形、卵圆形、三角状卵圆形或肾形，两面同色；叶柄微扁。雄花序细圆柱形，轴有短茸毛，花药紫红色；雌花序长约 2.5 厘米，果期长达 9 厘米，鲜红色或淡黄绿色。蒴果长卵圆形，无毛。花期 5 月，果期 7 ~ 8 月。

生　　境： 水分条件好的沙质土壤。

地理分布： 内蒙古西部、甘肃、青海、新疆。

资源利用： 绿化，防风固沙，材用，药用（清热解毒、止痛止血）。

二白杨 *Populus gansuensis*

别　　名：甘肃杨、软白杨、青白杨、二青杨

英 文 名：Gansu poplar

形态特征：乔木，高 20 余米。树干通直，树冠长卵形或狭椭圆形；树皮灰绿色，光滑，老树基部浅纵裂，带红褐色。枝条近轮生状，斜上，与主干常呈 45 度角，雄株达 60 度角，萌枝与幼枝具棱。萌枝或长枝叶三角形或三角状卵形，较大，长宽近等；短枝叶宽卵形或菱状卵形，中部以下最宽。雄花序细长。果序长达 12 厘米。花期 4 月，果期 5 月。

生　　境：道边、渠旁。

地理分布：甘肃。本区多栽培。

资源利用：防风，绿化。

钻天杨 *Populus nigra* var. *italica*

别　　名：美国白杨

英 文 名：Lombardy poplar

形态特征：黑杨之变种。乔木，高达 30 米；树冠阔椭圆形。树皮暗灰色，老时沟裂。小枝淡黄色，无毛。叶在长短枝上同形，薄革质，菱形、菱状卵圆形或三角形，边缘具圆锯齿，有半透明边，无缘毛，上面绿色，下面淡绿色；叶柄侧扁，无毛。雄花序轴无毛，雄蕊 15～30；柱头 2。果序轴无毛，蒴果卵圆形，有柄。花期 4～5 月，果期 6 月。

地理分布：本区有栽培。

资源利用：农田防护林及"四旁"、行道绿化。

小叶杨 *Populus simonii*

别　　名：南京白杨、青杨

英 文 名：Simon poplar

形态特征：乔木，高达20米。树皮幼时灰绿色，老时暗灰色，沟裂；树冠近圆形。幼树小枝及萌枝有明显棱脊，老树小枝圆形，细长而密。芽细长，褐色，有黏质。叶边缘平整，具细锯齿，上面淡绿色，下面灰绿或微白，无毛；叶柄圆筒形，黄绿色或带红色。雄花序轴无毛；柱头2裂。果序长达15厘米；蒴果小，无毛。花期3～5月，果期4～6月。

生　　境：溪渠水分充足地方。

地理分布：东北、华北、华中、西北及西南。

资源利用：绿化树种。

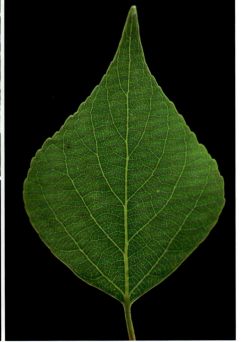

毛白杨 *Populus tomentosa*

别　　名：大叶杨、响杨

英 文 名：Chinese white poplar

形态特征：乔木，高达 30 米。树皮幼时暗灰色，老时纵裂，粗糙，菱形皮孔散生，或 2 ~ 4 连生。侧枝开展，雄株斜上，老树枝下垂；小枝（嫩枝）初被灰毡毛，后光滑。叶卵形或三角状卵形，边缘深齿牙缘或波状齿牙缘；雄花序长 10 ~ 14（20）厘米，苞片密生长毛；雌花序长 4 ~ 7 厘米，沿边缘有长毛。果序长达 14 厘米。花期 3 月，果期 4 ~ 5 月。

生　　境：气候温和的平原地区，有一定的耐干旱和盐碱性。

地理分布：温带广布。

资源利用：速生材用，造林，庭院行道绿化。

柳属

旱柳 *Salix matsudana*

别　　名：柳树

英 文 名：Saliz matsudana

形态特征：乔木，高达 18 米。大枝斜上，树冠广圆形；树皮暗灰黑色，有裂沟；枝细长，直立或斜展，浅褐黄色或带绿色。叶披针形，上面绿色，无毛，有光泽，下面苍白色或带白色，有细腺锯齿缘；叶柄短，上面有长柔毛。花序与叶同时开放；雄花序圆柱形；雄蕊 2。花药黄色；雌花序较雄花序短。花期 4 月，果期 4 ~ 5 月。

生　　境：干旱地或水湿地。

地理分布：全国广布。

资源利用：防风林带，绿化观赏。

北沙柳 *Salix psammophila*

别　　名：沙柳

英 文 名：Sandlive willow

形态特征：灌木或小乔木，小枝幼时具茸毛，以后渐变光滑。叶条形或条状倒披针形，边缘外卷，上半部疏生具腺细齿，下半部近全缘，上面初有绢状毛，后几无毛，下面灰色，有丝毛；叶柄有长柔毛。花序轴密生长柔

毛；基部有疏柔毛，腹面有 1 腺体；花期 3 月，果期 5 月。

地理分布：内蒙古、河北、陕西、山西、甘肃、青海、四川、西藏。

资源利用：固沙绿化。

线叶柳 *Salix wilhelmsiana*

英 文 名： Wilhelms willow

形态特征： 灌木或小乔木，高达 5～6 米。小枝细长，末端半下垂，紫红色或栗色，被疏毛，稀近无毛。叶线形或线状披针形，嫩叶两面密被茸毛，后仅下面有疏毛，边缘有细锯齿；叶柄短，托叶细小，早落。花序与叶近同时开放，密生于上年的小枝上；雄花序近无梗；雄蕊 2；仅 1 腹腺；雌花序细圆柱形，基部具小叶；腺 1，腹生。花期 5 月，果期 6 月。

生　　境： 荒漠和半荒漠地区的河谷。

地理分布： 新疆、甘肃、宁夏、内蒙古等。

牻牛儿苗科 Geraniaceae

牻牛儿苗属

牻牛儿苗 *Erodium stephanianum*

别　　名： 太阳花

英 文 名： Stephen's stork's bill

形态特征： 多年生草本，高 15 ~ 50 厘米。直根。茎多数，仰卧或蔓生，被柔毛。叶对生；托叶边缘具缘毛；基生叶和茎下部叶具长柄，被开展的长柔毛和倒向短柔毛；叶片二回羽状深裂。伞形花序腋生，每花梗具 2 ~ 5 花；萼片先端具长芒，被长糙毛，花瓣紫红色；雄蕊花丝紫色；雌蕊被糙毛，花柱紫红色。蒴果密被短糙毛。花期 6 ~ 8 月，果期 8 ~ 9 月。

生　　境： 干山坡、农田边、沙质河滩地。

地理分布： 华北、东北、西北、四川西北和西藏。

资源利用： 药用（祛风除湿、清热解毒）。

西藏牻牛儿苗 *Erodium tibetanum*

英 文 名： Tibatan geranium

形态特征： 一年生或二年生草本，高 2 ~ 6厘米。茎短缩不明显或无。叶多数，丛生，具长柄；托叶密被柔毛；叶片先端钝圆，基部常心形，羽状深裂，表面被短柔毛。总花梗多数，基生，被短柔毛，每梗具 1 ~ 3 花或通常为 2 花；萼片先端钝圆，具短尖头，密被灰色糙毛；花瓣紫红色至白色；雌蕊及蒴果被短糙毛。花期 7 ~ 8 月，果期8 ~ 9 月。

生　　境： 沙砾质河滩。

地理分布： 西藏、青海、甘肃河西走廊。

资源利用： 饲用。

老鹳草属

鼠掌老鹳草 *Geranium sibiricum*

英文名： Siberian geranium

形态特征： 一年生或多年生草本，高 30 ~ 70 厘米。直根。茎纤细，多分枝，具棱槽，被倒向疏柔毛。叶对生，基部抱茎，基生叶和茎下部叶具长柄；下部叶片肾状五角形，掌状 5 深裂；上部叶片 3 ~ 5 裂。总花梗生于叶腋，具 1 花或偶具 2 花；花瓣倒卵形，淡紫色或白色，先端微凹或缺刻状，基部具短爪。蒴果果梗下垂。花期 6 ~ 7 月，果期 8 ~ 9 月。

生　境： 林缘、疏灌丛、河谷草甸或为杂草。

地理分布： 东北、华北、西北、西南、湖北。

资源利用： 饲用。

千屈菜科 Lythraceae

千屈菜属

 千屈菜 *Lythrum salicaria*

英文名： Willow herb

形态特征： 多年生草本，茎直立，多分枝，高30～100厘米，全株青绿色，枝通常具4棱。叶对生或3叶轮生，基部圆形或心形，全缘，无柄。花组成小聚伞花序，簇生，花枝全形似一大型穗状花序；苞片有纵棱12条，裂片6；花瓣6，红紫色或淡紫色，有短爪，稍皱缩；雄蕊12，6长6短；子房2室。蒴果扁圆形。

生　　境： 河岸、湖畔、溪沟边和潮湿草地。

地理分布： 温带广布。本区有栽培。

资源利用： 观赏。

白刺科 Nitrariaceae

白刺属

大白刺 *Nitraria roborowskii*

别　　名：齿叶白刺、诺氏白刺

英 文 名：Roborowsk nitraria

形态特征：灌木，高 1 ~ 2m，枝平卧，有时直立；不孕枝先端刺针状，嫩枝白色。叶 2 ~ 3 片簇生，矩圆状匙形或倒卵形，先端圆钝，有时平截，全缘或先端具不规则 2 ~ 3 齿裂。花较其他种稀疏。核果卵形，熟时深红色，果汁紫黑色。果核狭卵形。花期 6 月，果期 7 ~ 8 月。

生　　境：湖盆边缘、绿洲外围沙地。

地理分布：新疆、甘肃等。

资源利用：饲用，固沙，提取色素，药用（补益脾肾、调经养血）。

小果白刺 *Nitraria sibirica*

别　　名：白刺、西伯利亚白刺、酸胖

英 文 名：Sibirica pall

形态特征：灌木，高 0.5 ~ 1.5 米，弯，多分枝，枝铺散，少直立。小枝灰白色，不孕枝先端刺针状。叶近无柄，在嫩枝上 4 ~ 6 片簇生，倒披针形，先端锐尖或钝，基部渐窄成楔形。聚伞花序长 1 ~ 3 厘米，被疏柔毛；萼片 5，绿色，花瓣黄绿色或近白色，矩圆形。果椭圆形，熟时暗红色，果汁暗蓝色，带紫色，味甜而微咸。花期 5 ~ 6 月，果期 7 ~ 8 月。

生　　境：湖盆边缘沙地、盐渍化沙地、沿海盐化沙地。

地理分布：各沙漠地区。

资源利用：饲用，固沙，食用。

泡泡刺 *Nitraria sphaerocarpa*

别　　名：球果白刺、膜果白刺
英 文 名：Globose fruit nitraria
形态特征：灌木，枝平卧，长 25 ~ 50 厘米，弯，不孕枝先端刺针状，嫩枝白色。叶近无柄，2 ~ 3 片簇生，条形或倒披针状条形，全缘，先端稍锐尖或钝。花序黄灰色；萼片 5，绿色，被柔毛；花瓣白色。果未熟时披针形，先端渐尖，密被黄褐色柔毛，成熟时外果皮干膜质，膨胀成球形；果核狭纺锤形，表面具蜂窝状小孔。花期 5 ~ 6 月，果期 6 ~ 7 月。
生　　境：山麓砾石洪积扇、干河谷及戈壁高平原。
地理分布：内蒙古、甘肃、新疆。
资源利用：固沙，饲用。

白刺 *Nitraria tangutorum*

别　　名：酸胖、唐古特白刺、甘青白刺

英 文 名：Tangutorum nitraria

形态特征：灌木，高 1 ~ 2 米。多分枝，弯、平卧或开展；不孕枝先端刺针状；嫩枝白色。叶在嫩枝上 2 ~ 3（4）片簇生，宽倒披针形，先端圆钝，基部渐窄成楔形，全缘，稀先端齿裂。花排列较密集。核果卵形，有时椭圆形，熟时深红色，果汁玫瑰色。花期 5 ~ 6 月，果期 7 ~ 8 月。

生　　境：荒漠和半荒漠沙地、河流阶地、山前平原积沙地。

地理分布：内蒙古、宁夏、甘肃、青海、新疆等。

资源利用：固沙，饲用，食用。

骆驼蓬属

骆驼蓬 *Peganum harmala*

别　　名：臭古朵

英 文 名：Harmal peganum

形态特征：多年生草本，高30～70厘米，无毛。全株
有特殊臭味。茎直立或开展，由基部多分
枝。叶互生，卵形，全裂为3～5条形或披
针状条形裂片。花单生枝端，与叶对生；
萼片5，裂片条形；花瓣黄白色，倒卵状矩
圆形；雄蕊15；花柱3。蒴果近球形，种子
三棱形，稍弯，表面被小瘤状突起。花期
7～8月，果期9～10月。

生　　境：干旱草地、绿洲边缘轻盐渍化沙地、低
山坡或河谷沙丘。

地理分布：宁夏、内蒙古西部、甘肃、新疆、西藏。

资源利用：种子药用（止咳平喘、祛风湿、消
肿毒）。

多裂骆驼蓬 *Peganum multisectum*

别　　名：裂叶骆驼蓬、兰州骆驼蓬、小骆驼蓬

英 文 名：Multifid peganum

形态特征：多年生草本，嫩时被毛。茎平卧，长 30 ~ 80 厘米。叶二至三回深裂，基部裂片与叶轴近垂直。萼片 3 ~ 5 深裂。花瓣淡黄色，倒卵状矩圆形；雄蕊 15，蒴果近球形，顶部稍平扁。种子多数，略呈三角形，稍弯，表面有小瘤状突起。花期 5 ~ 7 月，果期 6 ~ 9 月。

生　　境：半荒漠沙地、黄土山坡、荒地。

地理分布：我国特有种。宁夏、甘肃、青海、内蒙古西部。

资源利用：水土保持，药用（治风热咳嗽、气喘）。

骆驼蒿 *Peganum nigellastrum*

英 文 名： Little peganum

形态特征： 多年生草本，高 10 ~ 25 厘米，密被短硬毛。茎直立或开展，由基部多分枝。叶二至三回深裂，裂片条形，先端渐尖。花单生于茎端或叶腋，花梗被硬毛；萼片 5，披针形，5 ~ 7 条状深裂，宿存；花瓣淡黄色，倒披针形；雄蕊 15，花丝基部扩展。蒴果近球形，黄褐色。种子多数，纺锤形，表面有瘤状突起。花期 5 ~ 7 月，果期 7 ~ 9 月。

生　　境： 半荒漠草原、戈壁及岩石缝中。

地理分布： 内蒙古、河北、山西、陕西、宁夏及甘肃等。

资源利用： 水土保持。

无患子科 Sapindaceae

栾树属

栾树 *Koelreuteria paniculata*

别　　名：木栾、栾华、石栾树
英 文 名：Goldenrain tree
形态特征：落叶乔木或灌木；树皮厚，灰褐色，老时纵裂。叶丛生于当年生枝上，平展，一回、不完全二回羽状复叶；小叶（7～）11～18，纸质，边缘有不规则的钝锯齿。聚伞圆锥花序；花淡黄色；花瓣4，开花时向外反折，瓣片基部的鳞片初时黄色，开花时橙红色；雄蕊8；子房三棱形。蒴果圆锥形，具3棱；种子近球形。花期6～8月，果期9～10月。
地理分布：广泛栽培。
资源利用：材用，观赏。

文冠果属

文冠果 *Xanthoceras sorbifolium*

别　　名： 文冠木、文官果、土木瓜

英 文 名： Brook feather

形态特征： 落叶灌木或小乔木，高 2 ~ 5 米；小枝粗壮，褐红色；小叶 4 ~ 8 对，膜质或纸质，披针形或近卵形，边缘有锐利锯齿，顶生小叶通常 3 深裂。花序先叶抽出或与叶同时抽出，两性花的花序顶生，雄花序腋生；萼片两面被灰色茸毛；花瓣白色，基部紫红色或黄色。蒴果；种子黑色而有光泽。花期春季，果期秋初。

生　　境： 石质山地、黄土丘陵、石灰性冲积土壤、固定或半固定的沙区。

地理分布： 北方广布。本区有栽培。

资源利用： 油料。

苦木科 Simaroubaceae

臭椿属

臭椿 *Ailanthus altissima*

别　　名：臭椿皮、椿树

英 文 名：Ailanthus

形态特征：落叶乔木，高可达20余米，树皮平滑而有直纹。奇数羽状复叶，小叶13～27；小叶对生或近对生，纸质，两侧各具1或2个粗锯齿，齿背有腺体1个，叶面深绿色，背面灰绿色，揉碎后具臭味。圆锥花序；花淡绿色；萼片5；花瓣5，基部两侧被硬粗毛；雄蕊10。翅果长椭圆形；种子位于翅的中间，扁圆形。花期4～5月，果期8～10月。

地理分布：广泛栽培。

资源利用：绿化，药用（止泻、止血）；有小毒。

锦葵科 Malvaceae

蜀葵属

蜀葵 *Althaea rosea*

别　　名：一丈红、胡葵
英 文 名：Holly hock
形态特征：二年生直立草本，高达2米，茎枝密被刺
　　　　　毛。叶近圆心形，掌状5～7浅裂或波状
　　　　　棱角，上面疏被星状柔毛，下面及叶柄被
　　　　　星状长硬毛。花腋生，单生或簇生，总状
　　　　　花序式；钟状萼5齿裂，密被星状粗硬
　　　　　毛；花大，各种颜色，单瓣或重瓣，花瓣
　　　　　先端凹缺；花药黄色。果盘状，分果爿近
　　　　　圆形，多数，具纵槽。花期2～8月。
生　　境：沟渠、路边、庭院。
地理分布：广泛栽培。
资源利用：观赏，纤维植物。

木槿属

 野西瓜苗 *Hibiscus trionum*

别　　名：山西瓜秧、野芝麻、小秋葵
英 文 名：Flower of an hour
形态特征：一年生直立或平卧草本，高
　　　　　25 ~ 70 厘米，茎柔软，全株被粗
　　　　　硬毛。叶二型，下部的叶圆形，
　　　　　不分裂，上部的叶掌状 3 ~ 5 深
　　　　　裂。花单生叶腋；小苞片 12；花
　　　　　萼钟形，裂片 5，具纵向紫色条
　　　　　纹，中部以上合生；花淡黄色，
　　　　　内面基部紫色，花瓣 5，倒卵形。
　　　　　蒴果长圆状球形，果爿 5，果皮
　　　　　薄，黑色；种子肾形，黑色。花
　　　　　期 7 ~ 10 月。
生　　境：常见的田间杂草。
地理分布：全国广布。
资源利用：药用（清热解毒、利咽止咳）。

锦葵属

野葵 *Malva verticillata*

别　　名：冤葵
英　文　名：Cluster mallow
形态特征：二年生草本，高 50 ~ 100
　　　　　厘米，茎干被星状长柔
　　　　　毛。叶肾形或圆形，常
　　　　　掌状 5 ~ 7 裂，裂片三角
　　　　　形，边缘具钝齿，两面被
　　　　　极疏糙伏毛。花 3 至多朵
　　　　　簇生于叶腋；小苞片 3；
　　　　　萼杯状，5 裂；花冠淡白
　　　　　色至淡红色，花瓣 5，先

端凹入；雄蕊柱被毛；花柱分枝 10 ~ 11。果扁球形；分果片 10 ~ 11，
背面平滑，两侧具网纹；种子肾形，紫褐色。花期 3 ~ 11 月。

地理分布：温带广布。
资源利用：药用（润便利尿、下乳汁、拔毒排脓）。

锦葵 *Malva sinensis*

别　　名：荆葵、钱葵

英 文 名：Chinese mallow

形态特征：二年生或多年生直立草本，高
50～90厘米，分枝多。叶圆心
形或肾形，具5～7圆齿状钝
裂片，边缘具圆锯齿；叶柄上
面槽内被长硬毛。花3～11朵
簇生；小苞片3，长圆形；萼裂
片5，两面均被星状疏柔毛；花
紫红色或白色，花瓣5，匙形，
先端微缺。果扁圆形，分果爿
9～11；种子黑褐色，肾形。
花期5～10月。

地理分布：广泛栽培。

资源利用：观赏，药用（清热利湿、理气
通便）。

瑞香科 Thymelaeaceae

狼毒属

 狼毒 *Stellera chamaejasme*

别　　名：断肠草、川狼毒、白狼毒

英 文 名：Chinese stellera

形态特征：多年生草本。根圆柱状，肉质。茎单一不分枝。叶互生，茎下部鳞片状，向上渐大，上部长圆形；无叶柄；总苞同茎生叶，常5枚；雄花多数；雌花1；花柱3；柱头不分裂。蒴果卵球状，被白色长柔毛；花柱宿存；成熟时分裂为3个分果爿。种子扁球状，灰褐色。花果期5～7月。

生　　境：草原、干燥丘陵坡地、多石砾干山坡。

地理分布：北方广布。

资源利用：根药用（主治结核类、疮瘘癣类等）；有毒。

半日花科 Cistaceae

半日花属

 半日花 *Helianthemum songaricum*

英 文 名： Songarian sunrose

形态特征： 超旱生植物，矮小灌木，多分枝，稍呈垫状，高5～12厘米，老枝褐色，小枝对生或近对生，先端呈刺状，单叶对生，革质，披针形或狭卵形，全缘，边缘常反卷，两面被白色短柔毛。花单生于枝顶，萼片5，外面的2片小线形，内面的3片大卵形；花瓣黄色。蒴果卵形。花期5月下旬至7月上旬，有时8～9月能第二次开花。

生　　境： 草原化荒漠区的石质和砾质山坡。

地理分布： 新疆、甘肃河西走廊、内蒙古。民勤沙生植物园有引种。

资源利用： 古老的孑遗种。

山柑科 Capparaceae

山柑属

刺山柑 *Capparis spinosa*

别　　名：老鼠瓜、续随子、野西瓜

英 文 名：Common caper

形态特征：藤本状半灌木，枝条平卧，呈辐射状，长 0.5～3m。单叶互生，肥厚，圆形、倒卵形或椭圆形，先端具刺尖，托叶 2，呈直或弯曲的刺状。花大，单生于叶腋；萼片 4；花瓣 4，白色或粉红色，雄蕊多数，较花瓣长；蒴果浆果状，椭圆形。种子肾形，具褐色斑点。花期 5～9 月，果期 6～9 月。

生　　境：干旱有沙石的低山坡、沙地。

地理分布：新疆、甘肃。

资源利用：花蕾食用，固沙。

十字花科 Cruciferae

荠属

 荠 *Capsella bursa-pastoris*

别　　名： 荠菜、菱角菜

形态特征： 一年生或二年生草本；茎直立，单
一或从下部分枝。基生叶丛生呈莲
座状，大头羽状分裂；茎生叶窄披
针形或披针形，基部箭形，抱茎，边
缘有缺刻或锯齿。总状花序顶生及
腋生；萼片长圆形；花瓣白色，卵
形，有短爪。短角果倒三角形或倒
心状三角形，扁平，无毛，顶端微
凹，裂瓣具网脉。种子 2 行，长椭
圆形，浅褐色。花果期 4～6 月。

生　　境： 山坡、田边及路旁。

地理分布： 全国广布。野生，偶有栽培。

资源利用： 种子供制油，茎叶可食用，全草入
药（利尿、止血、清热、明目、消
积功效）。

群心菜属

球果群心菜 *Cardaria chalepensis*

英 文 名： Spheroidal-fruit cardaria

形态特征： 多年生草本，高 20 ~ 50 厘米；茎直立，多分枝。基生叶有柄，倒卵状匙形，开花时枯萎；茎生叶倒卵形、长圆形至披针形，基部心形，抱茎，边缘疏生尖锐波状齿或近全缘，两面有柔毛。总状花序伞房状，成圆锥花序，多分枝；花瓣白色，短角果卵形至近球形，基部不裂；盛开花的花柱和子房等长或稍短。

生　　境： 山坡路边、田间、河滩及水沟边。

地理分布： 辽宁、新疆、甘肃等。

花旗杆属

扭果花旗杆 *Dontostemon elegans*

英 文 名: Elegant dontostemon

形态特征: 多年生旱生草本,簇生,高15～40厘米。茎基部多分枝;上部叶互生,常密集,肉质,宽披针形至宽线形,全缘,基部下延,近无柄;叶幼时背部具白色长柔毛,老时近无毛。总状花序顶生,具多花;萼片背面具白色柔毛及长毛;花瓣蓝紫色至玫瑰红色,具紫色脉纹。长角果光滑,带状。种子宽椭圆形而扁。花期5～7月,果期6～9月。

生 境: 沙砾质戈壁滩、荒漠、洪积平原、山间盆地及干河床沙地。

地理分布: 甘肃西北部及新疆。

白毛花旗杆 *Dontostemon senilis*

英 文 名： White hair dontostemon

形态特征： 多年生旱生草本；植株高4～15厘米，全体密被白色开展的长直毛。茎基部呈丛生状分枝，茎下部黄白色。叶线形，全缘，密被白色长毛。总状花序顶生，萼片长椭圆形至宽披针形，背面被多数长直毛；花瓣紫色或带白色，具宽爪；长雄蕊花丝成对联合至花药处，花丝扁平。花柱粗壮，柱头微2裂，长角果圆柱形，无毛。花果期5～9月。

生　　境： 石质山坡、阳坡草丛、高原荒地或干旱山坡。

地理分布： 内蒙古、甘肃、宁夏、新疆。

葶苈属

葶苈 *Draba nemorosa*

英 文 名：Woolly draba

形态特征：一年生或二年生草本。茎直立，高5～45厘米，茎下部密生单毛、叉状毛和星状毛。基生叶莲座状，边缘有疏细齿或近于全缘；茎生叶边缘有细齿，无柄。总状花序有花25～90，密集成伞房状，花后显著伸长，疏松，小花梗细；花瓣黄色，花期后成白色。短角果长圆形或长椭圆形；果梗果序轴呈直角开展。花期3月至4月上旬，果期5～6月。

生　　境：田边路旁、山坡草地及河谷湿地。

地理分布：东北、华北等。

资源利用：种子可榨工业油，药用（泻肺平喘、行水消肿）。

独行菜属

独行菜 *Lepidium apetalum*

别　　名：辣辣菜、腺茎独行菜、葶苈子

英 文 名：Pepper weed

形态特征：一年生或二年生草本，高5～30厘米；茎直立，有分枝。基生叶窄匙形，一回羽状浅裂或深裂；茎上部叶线形，有疏齿或全缘。总状花序；萼片早落，外面有柔毛；花瓣不存或退化成丝状，比萼片短；雄蕊2或4。短角果近圆形或宽椭圆形，扁平，顶端微缺，上部有短翅；果梗弧形。种子椭圆形，平滑，棕红色。花果期5～7月。

生　　境：山坡、山沟、路旁及村庄附近，常见田间杂草。

地理分布：东北、华北、西北、西南。

资源利用：种子药用（清热止血、泻肺平喘、行水消肿、强心）。

宽叶独行菜 *Lepidium latifolium*

别　　名：大辣、止痢草

英 文 名：Broad leaf pepper weed

形态特征：多年生草本，高 30 ~ 150 厘米；茎直立，上部多分枝，基部稍木质化。基生叶及茎下部叶革质，两面有柔毛；茎上部叶无柄。总状花序圆锥状；萼片脱落；花瓣白色，倒卵形；雄蕊 6。短角果宽卵形或近圆形，顶端全缘，基部圆钝，无翅，有柔毛。种子宽椭圆形，压扁，浅棕色，无翅。花期 5 ~ 7 月，果期 7 ~ 9 月。

生　　境：田边、路旁或沙滩。

地理分布：甘肃、青海、宁夏、华北、西北、西藏等。

资源利用：药用（清热燥湿、治菌痢、肠炎）。

柱毛独行菜 *Lepidium ruderale*

别　　名：柱腺独行菜

英 文 名：Waste place pepper weed

形态特征：一年生或二年生草本，高
10 ～ 40 厘米；茎多单一，近
直立，多分枝，具短柱状毛。
基生叶有长柄，长圆形，二回
羽状分裂，边缘有柱状毛；茎
生叶无柄，线形。总状花序，
萼片窄卵状披针形，外面无
毛；无花瓣；雄蕊 2。短角果
卵形或近圆形，先端凹缺，扁
平，无毛，顶端微缺，有不明
显翅，果瓣顶部具极窄翅。种子卵形，黄褐色。花果期 5 ～ 7 月。

生　　境：沙地，草地。

地理分布：东北、西北、山东、河南、湖北等。

资源利用：食用。

燥原荠属

 燥原荠 *Ptilotricum canescens*

形态特征： 半灌木，基部木质化，高 5～40 厘米，密被小星状毛、分枝毛或分叉毛，植株灰绿色。茎直立，或基部稍铺散而上部直立，近地面处分枝。叶密生，条形或条状披针形，顶端急尖，全缘，花序伞房状；萼片灰绿色或淡紫色，有白色边缘并有星状缘毛；花瓣白色，宽倒卵形，顶端钝圆；柱头头状。短角果卵形。花期 6～8 月。

生　境： 干燥石质山坡、草地、草原。

地理分布： 内蒙古、陕西、宁夏、甘肃、黑龙江、青海等。

沙芥属

沙芥 *Pugionium cornutum*

别　　名：沙萝卜、沙芥菜
英 文 名：Cornuted pugion-ium
形态特征：一年生或二年生草本，高 50 ~ 100 厘米；根肉质；茎直立，多分枝。叶肉质，下部叶有柄，羽状分裂，裂片 3 ~ 4 对；茎上部叶披针状线形，全缘。总状花序顶生成圆锥花序；萼片长圆形；

花瓣黄色，宽匙形。短角果革质，横卵形，侧扁，两侧各有一披针形翅，上举成钝角，具突起网纹，有 4 个或更多角状刺；果梗粗。花期 6 月，果期 8 ~ 9 月。

生　　境：荒漠和半荒漠。
地理分布：内蒙古、陕西、宁夏、甘肃。
资源利用：食用，饲用和固沙，药用（止痛、消食、解毒）。

斧翅沙芥 *Pugionium dolabratum*

英 文 名： Axe-shaped pugionium

形态特征： 一年生草本，高 60 ～ 100 厘米；茎直立，多数缠结成球形，直径 50 ～ 100 厘米。茎下部叶二回羽状全裂至深裂，裂片线形或线状披针形；中部叶一回羽状全裂；上部叶丝状线形。总状花序顶生；花瓣浅紫色，线形或线状披针形。短角果近扁椭圆形，翅顶端有不整齐圆齿或尖齿，心室两面有齿状突起，并有数个长短不等的刺。花果期 6 ～ 8 月。

生　　境： 荒漠和半荒漠。

地理分布： 内蒙古、陕西、甘肃（高台、张掖）、宁夏。

资源利用： 食用，饲用，固沙。

念珠芥属

 蚓果芥 *Torularia humilis*

英 文 名：Low torularia

形态特征：多年生草本，高 5 ~ 30 厘米，被 2
叉毛，并杂有 3 叉毛，毛的分枝弯
曲；茎自基部分枝。中、上部叶条
形；最上部数叶常入花序而成苞片。
花序呈紧密伞房状；萼片长圆形；花
瓣倒卵形或宽楔形，白色，顶端近
截形或微缺，基部渐窄成爪；子房
有毛。长角果筒状，略呈念珠状，
两端渐细，直或略曲，或作"之"
字形弯曲。花期 4 ~ 6 月。

生　　境：林下、河滩、草地。

地理分布：陕西、甘肃、青海、新疆、河
北等。

资源利用：药用（治疗食物中毒、消化不良）。

柽柳科 Tamaricaceae

水柏枝属

 宽苞水柏枝 *Myricaria bracteata*

别　　名：河柏、水柽柳

英 文 名：Broad-bract myricaria

形态特征：灌木，高 0.5 ~ 3 米，多分枝；老枝灰褐色或紫褐色，多年生枝红棕色或黄绿色，有光泽和条纹。叶密生于当年生绿色小枝上。总状花序顶生于当年生枝条上，密集呈穗状；萼片具宽膜质边；花瓣具脉纹，粉红色、淡红色或淡紫色，果时宿存；雄蕊花丝 1/2 或 2/3 部分合生；子房圆锥形。蒴果狭圆锥形。花期 6 ~ 7 月，果期 8 ~ 9 月。

生　　境：河谷沙砾质河滩、湖边沙地及山前冲积扇沙砾质戈壁。

地理分布：新疆、西藏、青海、甘肃西北部、内蒙古等。

三春水柏枝 *Myricaria paniculata*

英 文 名： Trispring false tamarisk

形态特征： 灌木，高1~3米；老
枝具条纹，当年生枝
灰绿色或红褐色。叶
无柄，具狭膜质边。
一年开2次花。春季
总状花序侧生于去年
生枝上；花瓣淡紫红
色；雄蕊10。秋季大
型圆锥花序生于当年
生枝的顶端；花瓣粉
红色或淡紫红色。蒴

果狭圆锥形，三瓣裂。种子狭长圆形，顶端具芒柱，芒柱一半以上被白
色长柔毛。花期3~9月，果期5~10月。

生　　境： 山地河谷砾石质河滩、河床沙地、河漫滩及河谷山坡。

地理分布： 陕西、宁夏、甘肃、四川、云南、西藏等。

红砂属

五柱红砂 *Reaumuria kaschgarica*

别　　名：五柱枇杷柴

英 文 名：Kashgar reaumuria

形态特征：矮小半灌木，高达 20 厘米，具多数曲拐的细枝，呈垫状；老枝灰棕色，当年生枝淡红色至淡红棕色；由老枝发出的当年生嫩枝绿色。叶由基部的鳞片状向上渐变长，呈线形，或略近圆柱形，常略弯，肉质。花单生于小枝顶端；萼片 5；花瓣 5，粉红色，椭圆形；雄蕊通常约 15；花柱 5。蒴果长圆状卵形，5 瓣裂。花期 7 ~ 8 月。

生　　境：盐土荒漠、草原、石质和砾质山坡、阶地和杂色的沙岩上。

地理分布：新疆、西藏、青海、甘肃。

资源利用：固沙保土，药用（治疗湿疹、皮炎）。

红砂 *Reaumuria songarica*

别　　名: 枇杷柴

英 文 名: Songory reaumuria

形态特征: 小灌木，高 10 ～ 70 厘米，多分枝，老枝灰褐色，小枝多拐曲，灰白色，粗糙，纵裂。叶肉质，短圆柱形，浅灰蓝绿色，具点状的泌盐腺体，花期有时叶变紫红色。花单生在极度短缩的小枝顶端；苞片 3；花萼裂片 5；花瓣 5，白色略带淡红；雄蕊 6 ～ 8，分离；花柱 3。蒴果 3 瓣裂（稀 4），具 3 ～ 4 粒种子。花期 7 ～ 8 月，果期 8 ～ 9 月。

生　　境: 荒漠山前冲积、洪积平原上和戈壁侵蚀面。

地理分布: 东北西部、新疆、青海、甘肃、宁夏和内蒙古。

资源利用: 防风固沙，药用（治疗湿疹、皮炎）。

柽柳属

密花柽柳 *Tamarix arceuthoides*

英 文 名： Dense flowers tamarisk

形态特征： 灌木或小乔木，高 2 ~ 5 米，老枝浅红黄色或淡灰色，红紫色一年生枝多向上直伸。绿色枝上的叶几抱茎，鳞片状贴生或以直角向外伸，边缘软骨质；木质化枝上的叶半抱茎；总状花序主要生在当年生枝条上，花小而极密；花萼深 5 裂，边缘膜质白色透亮；花瓣 5，花白色或粉红色至紫色；雄蕊 5；花柱 3；蒴果小而狭细。花期 5 ~ 9 月，6 月最盛。

生　　境： 山地和山前河流两旁的沙砾戈壁滩。

地理分布： 新疆、甘肃（河西走廊）。

资源利用： 盐碱地治理，水土保持，饲用，薪材。

甘肃柽柳 *Tamarix gansuensis*

英 文 名： Gansu tamarisk

形态特征： 灌木，高 2 ～ 3（～ 4）米，茎和老枝紫褐色或棕褐色，枝条稀疏。叶披针形，基部半抱茎，具耳。总状花序侧生于去年生的枝条上，单生；苞片薄膜质，易脱落；花萼基部略结合；花瓣淡紫色或粉红色，卵状长圆形，先端钝；花盘紫棕色，5 裂，裂片钝或微凹；雄蕊 5，花柱 3。蒴果圆锥形，种子 25 ～ 30。花期 4 月末至 5 月中旬。

生　　境： 荒漠河岸、湖边滩地、沙丘边缘。

地理分布： 新疆、青海、甘肃、内蒙古。

资源利用： 盐碱地治理，固沙造林，薪材。

刚毛柽柳 *Tamarix hispida*

别　　名：毛红柳

英 文 名：Kashgar tamarisk

形态特征：灌木或小乔木状，高达6米，老枝树皮红棕色，或浅红黄灰色，幼枝淡红或赭灰色，全体密被单细胞短直毛。木质化生长枝上的叶抱茎达一半，绿色营养枝上的叶被密柔毛。总状花序集成顶生大型紧缩圆锥花序；花5，花萼5深裂；花瓣5，紫红色或鲜红色；雄蕊5，对萼；花柱3。蒴果狭长锥形瓶状，含种子约15粒。花期7～9月。

生　　境：荒漠区河漫滩冲积、淤积平原盐土上，盐碱化草甸和沙丘间。

地理分布：新疆、青海（柴达木）、甘肃（河西走廊）、宁夏（北部）和内蒙古。

资源利用：盐碱地治理，固沙。

多花柽柳 *Tamarix hohenackeri*

英文名： Many flower tamarisk

形态特征： 灌木或小乔木，高达6米；老枝树皮灰褐色，二年生枝条暗红紫色。绿色营养枝上的叶小，半抱茎；木质化生长枝上的叶几抱茎，下延。春季花（5月至6月上旬）侧生在去年生的木质化生长枝上，簇生；夏季花（7～10月）顶生在当年生幼枝顶端，成疏松或稠密的短圆锥花序；花5；花瓣果时宿存；雄蕊5；花柱3。蒴果。

生　　境： 荒漠河、湖沿岸沙地，淤积平原上的轻度盐渍化土壤。

地理分布： 新疆、青海、甘肃、宁夏和内蒙古。

资源利用： 防风，盐碱地治理，水土保持。

短穗柽柳 *Tamarix laxa*

英 文 名： Short spike tamarisk

形态特征： 灌木，高可达3米，树皮灰色，小枝短而直伸，脆而易折断。叶黄绿色，基部变狭而略下延。总状花序侧生在去年生的老枝上，早春绽发；苞片淡棕色或淡绿色；花4，萼片4；花瓣4，粉红色，稀淡白粉红色；花盘4裂，肉质，暗红色；雄蕊4。花柱3。蒴果狭，草质。花期4月至5月上旬。偶见秋季2次在当年枝开少量的花，秋季花为5。

生　　境： 荒漠河流阶地、湖盆和沙丘边缘，土壤强盐渍化或为盐土。

地理分布： 新疆、青海、甘肃、宁夏、陕西、内蒙古。

资源利用： 盐碱地治理，固沙，饲用。

细穗柽柳 *Tamarix leptostachys*

英 文 名： Thin spike tamarisk

形态特征： 灌木，高达6米，老枝树皮淡棕色、青灰色或火红色；当年生木质化生长枝灰紫色或火红色；生长枝上的叶半抱茎，略下延；营养枝上的叶下延。总状花序细长生于当年生幼枝顶端，集浅顶生密集的球形或卵状大型圆锥花序；苞片钻形。花5，小；花萼片边缘窄膜质；花瓣淡紫红色或粉红色，早落；花盘5裂；雄蕊5，花柱3；蒴果细。花期6月上半月至7月上半月。

生　　境： 荒漠河岸林、湖沿岸沙地、冲积淤积轻度盐渍化土壤。

地理分布： 新疆、青海、甘肃、宁夏、内蒙古。

资源利用： 盐碱地治理。

多枝柽柳 *Tamarix ramosissima*

别　　名：红柳

英 文 名：Branchy tamarisk

形态特征：灌木或小乔木状，高达 6 米，老枝树皮暗灰色，当年生木质化的生长枝淡红或橙黄色，有分枝，第二年生枝则颜色渐变淡。木质化生长枝上的叶披针形，半抱茎，微下延；绿色营养枝上的叶短卵圆形或三角状心脏形，几抱茎，下延。总状花序生在当年生枝顶，集成顶生圆锥花序；花 5；花瓣粉红色或紫色；花盘 5 裂；雄蕊 5。花期 5～9 月。

生　　境：河漫滩、河谷阶地上，沙质和黏土质盐碱化的平原上。

地理分布：新疆、青海、甘肃、内蒙古和宁夏。

资源利用：盐碱地治理，防风保土。

白花丹科 Plumbaginaceae

补血草属

黄花补血草 *Limonium aureum*

别　　名：黄花矾松、金色补血草

英 文 名：Golden sealavender

形态特征：多年生草本，高 4 ~ 35 厘米。茎基往往被有残存的叶柄和红褐色芽鳞。叶基生，长圆状匙形至倒披针形，下部渐狭成平扁的柄。花序圆锥状，花序轴 2 至多数，绿色，数回叉状分枝，"之"字形曲折；穗状花序由 3 ~ 5（7）个小穗组成，小穗含 2 ~ 3 花；外苞宽卵形；萼漏斗状，萼檐金黄色（干后有时变橙黄色）；花冠橙黄色。花期 6 ~ 8 月，果期 7 ~ 8 月。

生　　境：含盐的砾石滩、黄土坡和沙地。

地理分布：东北、华北、西北。

资源利用：观赏，药用（止痛、消炎、补血）。

二色补血草 *Limonium bicolor*

别　　名：二色矶松、矶松

英 文 名：Bicolor Sealavender

形态特征：多年生草本，高20～50厘米。叶基生，偶可花序轴下部1～3节上有叶，花期叶常存在，匙形至长圆状匙形，基部渐狭成平扁的柄。圆锥状花序；单生花序轴自中部以上作数回分枝，末级小枝二棱形；穗状花序由3～5（9）个小穗组成；小穗含2～3（5）花；萼檐初时淡紫红或粉红色，后来变白；花冠黄色。花期5（下旬）～7月，果期6～8月。

生　　境：平原地区，也见于山坡下部、丘陵和海滨含盐的钙质土上或沙地。

地理分布：东北、黄河流域各地和江苏北部。

资源利用：观赏，药用（活血、止血、温中健、滋补强壮）。

大叶补血草 *Limonium gmelinii*

英文名：Gmelin's sealavender

形态特征：多年生草本，高30～100厘米。叶基生，长圆状倒卵形，基部渐狭成柄，下表面常带灰白色。伞房状或圆锥状花序，花序轴常单生，节部具大型褐色鳞片，通常由中部以上作3～4回分枝；穗状花序由2～7个小穗紧密排列而成；小穗含1～2（3）花；萼檐淡紫色至白色；花冠蓝紫色。花期7～9月，果期8～9月。

生　　境：盐渍化的荒地上和盐土。

地理分布：新疆北部。民勤沙生植物园有引种。

资源利用：观赏，饲用。

耳叶补血草 *Limonium otolepis*

别　　名：野茴香
英　文　名：Salt marsh Sealavender
形态特征：多年生草本，高30～120厘米。
　　　　　有暗红褐色而通常上部直立的根
　　　　　状茎。基生叶倒卵状匙形，基部渐
　　　　　狭成细扁的柄，开花时凋落，花序
　　　　　轴下部和侧枝下部的节上有互生
　　　　　抱茎叶，花期中开始凋落（花序轴
　　　　　上留下环状痕迹）。花序圆锥状，
　　　　　常由花序轴中部向上作4～7回分
　　　　　枝；萼檐白色；花冠淡蓝紫色。花
　　　　　期6～7月，果期7～8月。
生　　境：平原地区盐土和盐渍化土壤。
地理分布：新疆北部和甘肃河西走廊西部。
资源利用：观赏，盐碱地治理。

蓼科 Polygonaceae

木蓼属

沙木蓼 *Atraphaxis bracteata*

别　　名：灌木蓼、野荞麦花
英 文 名：Sandy knot wood
形态特征：直立灌木，高 1 ~ 1.5 米。主干粗壮，淡
　　　　　褐色，直立，具肋棱，多分枝；枝褐色，
　　　　　斜升或呈钝角叉开，顶端具叶或花。膜质
　　　　　托叶鞘顶端具 2 个尖锐牙齿；叶革质，
　　　　　长圆形或椭圆形。总状花序，顶生；苞
　　　　　片披针形，膜质，具 1 条褐色中脉，每
　　　　　苞内具 2 ~ 3 花；花被片 5，绿白色或粉
　　　　　红色。瘦果卵形，具三棱形，黑褐色，
　　　　　光亮。花果期 6 ~ 8 月。
生　　境：流动沙丘低地及半固定沙丘。
地理分布：内蒙古、宁夏、甘肃、青海及陕西。
资源利用：防风固沙，蜜源，饲用。

木蓼 *Atraphaxis frutescens*

英　文　名：Frutescens atraph axis

形态特征：灌木，高 50 ～ 100 厘米，多分枝。主干粗壮，树皮暗灰褐色呈纤细状剥离；木质枝开展，顶端无刺；当年生枝细长，顶端具叶或花。托叶鞘圆筒状，褐色，上部斜形，透明，2 裂；叶边缘通常下卷，两面均无毛。疏松的总状花序。花被片 5，粉红色，具白色边缘。瘦果狭卵形，具 3 棱。花果期 5 ～ 8 月。

生　　　境：砾石坡地、戈壁滩、山谷灌丛、干涸河道、干旱草原、沙丘及田边。

地理分布：甘肃、青海、宁夏、内蒙古及新疆。

资源利用：防风固沙。

锐枝木蓼 *Atraphaxis pungens*

英文名： Sharp goat wheat

形态特征： 灌木，高达 1.5 米。主干直而粗壮，多分枝，树皮灰褐色呈条状剥离；枝顶端刺状。托叶鞘筒状，基部褐色，上部透明，顶端具 2 个尖锐的牙齿；叶蓝绿色或灰绿色，顶端圆，具短尖或微凹，全缘或有不明显的波状牙齿，两面无毛。总状花序短，侧生于当年生枝条上；花梗长，关节位于中部或中部以上；花被片 5，粉红色或绿白色。瘦果卵圆形，具 3 棱，黑褐色。花期 5 ~ 8 月。

生　　境： 干旱砾石坡地及河谷漫滩。

地理分布： 内蒙古、新疆北部、甘肃肃北、青海。

资源利用： 固沙。

刺木蓼 *Atraphaxis spinosa*

形态特征：灌木，高 30 ～ 100 厘米。树皮灰色而粗糙；木质枝细长，弯拐，顶端无叶，呈刺状。托叶鞘圆筒状，基部褐色，膜质透明，顶端具 2 个尖锐的牙齿；叶灰绿色或蓝绿色，革质，顶端圆或钝，具短尖，边缘全缘或稍呈波状，两面均无毛。花 2 ～ 6，簇生于当年生枝的叶腋，关节位于中部或稍低于中部；花被片 4，粉红色。花果期 5 ～ 9 月。

生　　境：盐渍化干旱山坡、荒漠沙地、戈壁滩。

地理分布：甘肃西部及新疆。

资源利用：防风固沙。

沙拐枣属

阿拉善沙拐枣 *Calligonum alaschanicum*

英 文 名：Alashan calligonum

形态特征：灌木，株高 1.5 ~ 3 米。老枝灰色或黄灰色；幼枝灰绿色。花被片宽卵形或近球形。果（包括刺）宽卵形，少数近球形；瘦果长卵形，向左或向右扭转，肋极凸起，沟槽明显；刺较细，每肋有 2 ~ 3 行，基部微扁平，中部或中下部 2 次 2 ~ 3 分叉，顶枝开展，交错或伸直。花果期 6 ~ 8 月。

生　　境：流动沙丘和沙地。

地理分布：我国特有种。内蒙古西部和甘肃西部。

资源利用：饲用，固沙。

沙拐枣 *Calligonum mongolicum*

别　　名：蒙古沙拐枣

英 文 名：Mongolian calligonum

形态特征：灌木，高 25 ~ 150 厘米。老枝灰白色或淡黄灰色，开展，拐曲；当年生于幼枝草质，灰绿色。叶线形。花白色或淡红色，通常 2 ~ 3，簇生于叶腋。果实（包括刺）宽椭圆形；瘦果每肋有刺 2 ~ 3 行；刺等长或长于瘦果之宽，细弱，毛发状，质脆，易折断，基部不扩大或稍扩大，中部 2 ~ 3 次 2 ~ 3 分叉。花期 5 ~ 7 月，果期 6 ~ 8 月。

生　　境：沙丘、沙地、沙砾质荒漠和砾质荒漠的粗沙积聚处。

地理分布：内蒙古中、西部，甘肃西部及新疆东部。

资源利用：防风固沙。

何首乌属

木藤蓼 *Fallopia aubertii*

别　　名：奥氏蓼

英 文 名：Bukhara feece flower

形态特征：半灌木。茎缠绕，长 1 ~ 4 米，灰褐色。叶簇生稀互生，叶片长卵形，近革质；托叶鞘膜质，偏斜。圆锥状花序少分枝；苞片膜质，每苞内具 3 ~ 6 花；花梗细，下部具关节；花被 5 深裂，淡绿色或白色，外面 3 片较大，背部具翅，果时增大呈倒卵形；雄蕊 8；花柱 3，柱头头状。瘦果卵形，具 3 棱，包于宿存花被内。花期 7 ~ 8 月，果期 8 ~ 9 月。

生　　境：山坡草地、山谷灌丛。

地理分布：甘肃、宁夏、青海、内蒙古（贺兰山）等。

资源利用：观赏。

蓼属

萹蓄 *Polygonum aviculare*

别　　名：竹片菜

英 文 名：Prostrate knot weed

形态特征：一年生草本，高 15 ～ 50 厘米。茎匍匐或斜上，基部分枝甚多，具明显的节及纵沟纹。叶互生，全缘；托叶鞘膜质，抱茎，下部绿色，上部透明无色，具明显脉纹，其上之多数平行脉常伸出成丝状裂片。花 6 ～ 10 簇生于叶腋；花被 5 深裂，具白色边缘，结果后，边缘变为粉红色；雄蕊常 8 枚；柱头 3。花期 6 ～ 8 月，果期 9 ～ 10 月。

生　　境：田野、路旁及潮湿阳光充足之处。

地理分布：南北各地广布。

资源利用：药用（利尿、抗菌）。

西伯利亚蓼 *Polygonum sibiricum*

英文名： Siberian knot weed

形态特征： 多年生草本，高10～25厘米。根状茎细长。茎外倾或近直立，自基部分枝，无毛。叶片长椭圆形或披针形，无毛，全缘；托叶鞘筒状，膜质，上部偏斜，开裂。花序圆锥状，顶生，花排列稀疏；花梗短，中上部具关节；花被5深裂，黄绿色；雄蕊7～8，花柱3，较短。瘦果卵形，具3棱，黑色。花果期6～9月。

生　　境： 路边、湖边、河滩、山谷湿地、沙质盐碱地。

地理分布： 东北、华北、西北及西藏。

资源利用： 药用（疏风清热、利水消肿）。

大黄属

华北大黄 *Rheum franzenbachii*

别　　名：河北大黄

英 文 名：Franzenbach rhubarb

形态特征：直立草本，高 50 ~ 90 厘米，直根粗壮，内部土黄色；茎具细沟纹，常粗糙。基生叶较大，叶片心状卵形，边缘具皱波，基出脉 5（7）条，叶上面灰绿色或蓝绿色，下面暗紫红色；叶柄半圆柱状，常暗紫红色。大型圆锥花序，具 2 次以上分枝，轴及分枝被短毛；花黄白色，3 ~ 6 簇生；雄蕊 9。果实宽椭圆形。花期 6 月，果期 6 ~ 7 月。

生　　境：山坡石滩或林缘。

地理分布：山西、河北、内蒙古南部及河南北部。有栽培。

资源利用：药用（泻热通便、行瘀破滞）。

矮大黄 *Rheum nanum*

别　　名： 戈壁大黄

英 文 名： Little rhubarb

形态特征： 矮小粗壮草本，高 20 ~ 35 厘米；无茎。基生叶 2 ~ 4，叶片革质，肾状圆形，顶端阔圆，近全缘，掌状基出脉 3 ~ 5 条，叶上面具白色疣状突起；叶柄短粗，具细沟棱。宽阔圆锥花序自近中部分枝；花成簇密生；花被片黄白色，常具紫红色渲染；雄蕊 9。果实肾状圆形，红色。宿存花被增大几全遮盖着种子。花期 5 ~ 6 月，果期 7 ~ 9 月。

生　　境： 山坡、山沟或沙砾地。

地理分布： 甘肃、内蒙古中部和西部及新疆东北部。

资源利用： 饲用，药用（清热缓泻、健胃安中）。

歧穗大黄 *Rheum przewalskyi*

英 文 名： Przewalskyi rhubarb

形态特征： 矮壮草本，无茎。叶基生，2～4 片，叶片革质，宽卵形或菱状宽卵形，全缘，基出脉5～7条，叶上面黄绿色，下面紫红色；叶柄粗壮，半圆柱状，常紫红色。花葶2～3枝，每枝呈2～4歧状分枝，花序为穗状的总状；花黄白色；雄蕊9；花柱柱头膨大成盘状，表面不平。果实宽卵形或梯状卵形；种子卵形，深褐色。花期7月，果期8月。

生 境： 山坡、山沟或林下石缝或山间洪积平原沙地。

地理分布： 甘肃、青海及四川西北部。

资源利用： 饲用。

酸模属

巴天酸模 *Rumex patientia*

英文名： Patience dock

形态特征： 多年生草本。根肥厚；茎直立，粗壮，高 90 ~ 150 厘米，上部分枝，具深沟槽。基生叶长圆形或长圆状披针形，顶端急尖，边缘波状；叶柄粗壮；茎上部叶披针形近无柄；托叶鞘膜质，易破裂。花序圆锥状，大型；花两性；花梗细弱，中下部具关节；内花被片果时增大，全部或一部分具小瘤。瘦果卵形，具 3 锐棱。花期 5 ~ 6 月，果期 6 ~ 7 月。

生　　境： 山坡、林缘、沟边、路旁。

地理分布： 东北、华北、西北。

资源利用： 食用，饲用，药用（凉血、解毒）。

石竹科 Caryophyllaceae

裸果木属

 裸果木 *Gymnocarpos przewalskii*

别　　名：瘦果石竹

英 文 名：Przewalski gymnocarpos

形态特征：亚灌木，高 50 ～ 100 厘米。茎曲折，多分枝；树皮灰褐色，剥裂；嫩枝赭红色，节膨大。叶几无柄，叶片稍肉质，线形，略呈圆柱状；托叶膜质，透明，鳞片状。聚伞花序腋生；苞片白色，膜质，透明，宽椭圆形；花小；花萼下部连合，萼片倒披针形，顶端具芒尖；花瓣无。瘦果包于宿存萼内；种子长圆形，褐色。花期 5 ～ 7 月，果期 8 月。

生　　境：干河床、戈壁滩、砾石山坡。

地理分布：内蒙古、宁夏、甘肃、青海、新疆。

资源利用：饲用，固沙。

石头花属

钝叶石头花 *Gypsophila perfoliata*

英 文 名： Perfoliate baby's breath

形态特征： 多年生草本，高达70厘米。茎直立，上部多分枝。叶片卵状长圆形，基部微连合，稍抱茎。聚伞花序圆锥状，疏展；花梗纤细；苞片三角形；花萼宽钟形，萼齿裂达中部，顶端钝，膜质；花瓣红色、粉红色或白色，长圆形，顶端圆钝或微凹。蒴果球形；种子肾形，具细平的疣状突起。花期7～8月，果期8～9月。

生　　境： 河旁湿地、盐碱地、草原沙地、林中草地及戈壁。

地理分布： 新疆。民勤沙生植物园有引种。

资源利用： 固沙，饲用。

繁缕属

银柴胡 *Stellaria dichotoma* var. *lanceolata*

别　　名：披针叶繁缕

英 文 名：Dikot starwort

形态特征：叉歧繁缕的变种。多年生草本，高15 ~ 60厘米，全株被腺毛。主根圆柱形。茎丛生，圆柱形，多次二歧分枝。叶片线状披针形，顶端渐尖。聚伞花序顶生；花梗细；萼片5，披针形；花瓣5，白色，倒披针形，2深裂；雄蕊10；花柱3。蒴果宽卵形，6齿裂，常具1粒种子。花期6 ~ 7月，果期7 ~ 8月。

生　　境：石质山坡或石质草原。

地理分布：内蒙古、陕西、甘肃、宁夏。

资源利用：饲用，药用（退热）。

苋科 Amaranthaceae

沙蓬属

沙蓬 *Agriophyllum squarrosum*

别　　名：沙米、蒺藜梗

英 文 名：Squarrose agriophyllum

形态特征：一年生草本，植株高 14 ~ 60 厘米。茎直立，坚硬，浅绿色；基部分枝，最下部的一层分枝通常对生或轮生，平卧，上部枝条互生，斜展。叶无柄，叶脉浮凸，3 ~ 9 条。穗状花序紧密；苞片宽卵形，先端具小尖头，背部密被分枝毛。果实卵圆形或椭圆形，两面扁平或背部稍凸。花果期 8 ~ 10 月。

生　　境：沙丘或流动沙丘。

地理分布：黑龙江、吉林、辽宁、内蒙古、陕西、甘肃、宁夏、青海、新疆和西藏等。

资源利用：食用，药用，饲用，固沙。

苋属

反枝苋 *Amaranthus retroflexus*

别　　名：野苋菜

英 文 名：Redroot amaranth

形态特征：一年生草本，高达1米；茎直立，粗壮，具钝棱角，常带粉红色。叶片菱状卵形或菱状披针形，基部宽楔形，稍不对称，绿色或红色，除在叶脉上稍有柔毛外，两面无毛；叶柄绿色或粉红色，疏生柔毛。圆锥花序顶生，下垂，有多数分枝，中央分枝特长。胞果近球形，上半部红色，超出花被片。种子近球形。花期7～8月，果期9～10月。

生　　境：农田、路边。

地理分布：全国广布。

资源利用：食用，饲用，药用（祛风湿、清肝火，用于高血压等的治疗）。

假木贼属

短叶假木贼 *Anabasis brevifolia*

别　　名：鸡爪架

英 文 名：Shortleaf anabasis

形态特征：半灌木，高 5 ~ 20 厘米。木质茎极
多分枝，灰褐色；小枝灰白色，通常
具环状裂隙；当年枝黄绿色，大多成
对发自小枝顶端；下部的节间近圆柱
形。叶条形，半圆柱状；近基部的
宽三角形。花单生于叶腋；花被片卵
形，果时背面具翅；翅膜质，杏黄色
或紫红色，较少为暗褐色，直立或稍
开展。胞果卵形，黄褐色。花期 7 ~ 8
月，果期 9 ~ 10 月。

生　　境：戈壁、冲积扇、干旱山坡。

地理分布：内蒙古西部、宁夏、甘肃西部及新疆。

资源利用：饲用。

滨藜属

四翅滨藜 *Atriplex canecens*

别　　名：灰毛滨藜

英文名：Fourwing saltbush

形态特征：准常绿灌木，高1～2米。枝条密集，分枝较多，无明显主茎，当年生嫩枝绿色或绿红色，木质化枝白色或灰白色。叶互生，条形和披针形，全绿；叶正面绿色，稍有白色粉粒，叶背面灰绿色粉粒较多。胞果有不规则的果翅2～4枚，果翅为膜质，种子卵形。花期5～7月，果期7～9月。

生　　境：广泛适应。

地理分布：干旱半干旱地区。本地引种用于荒漠治理。

资源利用：饲用，牧场改良，防风固沙，盐碱地改造。

大苞滨藜 *Atriplex centralasiatica* var. *megalotheca*

英 文 名： Large-bract saltbush

形态特征： 中亚滨藜之变种。区别于中亚滨藜之处在于雌花的苞片果时较大，而且大多有长 1～3 厘米的苞柄，缘部较宽阔，多呈三裂状，中裂片较两个侧裂片大。

生　　境： 荒地、田边。

地理分布： 新疆南部至甘肃西部。

资源利用： 饲用，盐碱地改良。

中亚滨藜 *Atriplex centralasiatica*

别　　名：软蒺藜、碱灰菜

英 文 名：Central asia saltbush

形态特征：一年生草本，高 15 ～ 30 厘米。茎通常自基部分枝；枝钝四棱形，黄绿色。叶有短柄；叶片边缘具疏锯齿，近基部的 1 对锯齿较大而呈裂片状，上面灰绿色，下面灰白色，有密粉。花集成腋生团伞花序；雄花花被 5 深裂，雄蕊 5；雌花的苞片表面具多数疣状或肉棘状附属物。胞果扁平。种子直立，红褐色或黄褐色。花期 7 ～ 8 月，果期 8 ～ 9 月。

生　　境：戈壁、荒地、海滨及盐土荒漠或田间。

地理分布：吉林、辽宁、内蒙古、河北、宁夏、甘肃、青海、新疆等。

资源利用：可饲用，药用（明目、强壮、缓和药）。

西伯利亚滨藜 *Atriplex sibirica*

英 文 名：Siberian saltbush

形态特征：一年生草本，高 20 ～ 50 厘米。茎通常自基部分枝；枝外倾或斜伸，钝四棱形，无色条，有粉。叶片卵状三角形至菱状卵形，边缘具疏锯齿，近基部的 1 对齿较大而呈裂片状，上面灰绿色，下面灰白色，有密粉。团伞花序腋生；雄花花被 5 深裂；雄蕊 5；雌花的苞片连合成筒状，果时鼓胀，表面具多数不规则的棘状突起。胞果扁平。种子直立。花期 6 ～ 7 月，果期 8 ～ 9 月。

生 境：盐碱荒漠、湖边、渠沿、河岸及固定沙丘。

地理分布：黑龙江、吉林、辽宁、内蒙古、宁夏、甘肃西北部、青海北部至新疆。

资源利用：饲用，药用（清肝明目、消肿）。

雾冰藜属

 雾冰藜 *Bassia dasyphylla*

别　　名：星状刺果藜、雾冰草

英 文 名：Divaricate bassia

形态特征：植株高 3 ～ 50 厘米，茎直立，密被水平伸展的长柔毛；分枝多，开展。叶互生，肉质，圆柱状或半圆柱状条形，密被长柔毛。花两性，单生或 2 簇生，通常仅 1 花发育。花被筒密被长柔毛，果时花被背部具 5 个钻状附属物，三棱状，平直，坚硬，形成一平展的五角星状；雄蕊 5。果实卵圆状。花果期 7 ～ 9 月。

生　　境：戈壁、盐碱地、沙丘、草地、河滩、阶地及洪积扇上。

地理分布：东北、西北、山西、西藏。

资源利用：固沙，药用（清热祛湿、治疗脂溢性皮炎）。

驼绒藜属

华北驼绒藜 *Ceratoides arborescens*

别　　名：驼绒蒿

英 文 名：Arborescend ceratoides

形态特征：株高 1~2 米，分枝多集中于上部，较长，通常长 35~80 厘米。叶较大，柄短；叶片披针形或矩圆状披针形，向上渐狭，通常具明显的羽状叶脉。雄花序细长而柔软，长可达 8 厘米。雌花管倒卵形，花管裂片粗短；果时管外中上部具 4 束长毛，下部具短毛。果实狭倒卵形，被毛。花果期 7~9 月。

生　　境：固定沙丘、沙地、荒地或山坡。

地理分布：我国特有种。吉林、辽宁、河北、内蒙古、山西、陕西等。

资源利用：牧草，饲用，固沙。

驼绒藜 *Ceratoides latens*

别　　名：优若藜

英 文 名：Common ceratoides

形态特征：植株高 0.1 ~ 1 米，分枝多集中于下部，斜展或平展。叶较小，条形、条状披针形、披针形或矩圆形，先端急尖或钝，基部渐狭、楔形或圆形，1 脉，有时近基处有 2 条侧脉。雄花序较短，长达 4 厘米，紧密。雌花管椭圆形；花管裂片角状，较长。果直立，椭圆形，被毛。花果期 6 ~ 9 月。

生　　境：戈壁、荒漠、半荒漠、干旱山坡或草原。

地理分布：新疆、西藏、青海、甘肃和内蒙古。

资源利用：牧草，饲用，固沙。

藜属

藜 *Chenopodium album*

别　　名：灰灰菜、灰藜、灰条、回回菜

英 文 名：Lamb's quarters

形态特征：一年生草本，高 30 ～ 150 厘米。茎直立，粗壮，具条棱及绿色或紫红色色条，多分枝；枝条斜升或开展。叶片菱状卵形至宽披针形，上面通常无粉，有时嫩叶的上面有紫红色粉，边缘具不整齐锯齿。花两性，簇于枝上部成穗状圆锥状或圆锥状花序；花被裂片 5；雄蕊 5，柱头 2。果皮与种子贴生。种子黑色，有光泽。花果期 5 ～ 10 月。

生　　境：路旁、荒地及田间，杂草。

地理分布：温带及热带广布。

资源利用：食用，药用（治疗痢疾、腹泻）。

菊叶香藜 *Chenopodium foetidum*

别　　名：臭菜

英 文 名：Foetid goosefoot

形态特征：一年生草本，高20～60厘米，有强烈气味，全体有疏生短腺毛。茎直立，具绿色色条。叶片矩圆形，边缘羽状浅裂至羽状深裂，基部渐狭，上面无毛，下面有具节的短柔毛并兼有黄色无柄的颗粒状腺体；复二歧聚伞花序腋生；花两性；雄蕊5。胞果扁球形。种子横生，红褐色或黑色，有光泽；胚半环形。花期7～9月，果期9～10月。

生　　境：林缘草地、沟岸、河沿、农田附近。

地理分布：甘肃、青海、辽宁、内蒙古等。

灰绿藜 *Chenopodium glaucum*

别　　名：盐灰菜

英 文 名：Oak leaf goosefoot

形态特征：一年生草本，高20～40厘米。茎平卧或外倾，具条棱及绿色或紫红色色条。叶片矩圆状卵形至披针形，肥厚，边缘具缺刻状牙齿，下面有粉而呈灰白色，有时稍带紫红色。通常数花聚成团伞花序；花被裂片3～4，浅绿色；雄蕊1～2。胞果顶端露出于花被外。种子扁球形，暗褐色或红褐色。花果期5～10月。

生　　境：农田、菜园、村房、水边等有轻度盐碱的土壤。

地理分布：温带广布。

资源利用：饲用。

杂配藜 *Chenopodium hybridum*

别　　名：大叶藜

英 文 名：Maple leaf goosefoot

形态特征：一年生草本，高 40 ~ 120 厘米。茎直立，具淡黄色或紫色条棱。叶宽卵形至卵状三角形，两面均呈亮绿色，边缘掌状浅裂，轮廓略呈五角形；上部叶较小，多呈三角状戟形。花两性兼有雌性，排成圆锥状花序；花被裂片 5；雄蕊 5。胞果双凸镜状。种子黑色，表面具明显的圆形深洼或呈凹凸不平。花果期 7 ~ 9 月。

地理分布：温带广布。

资源利用：饲用。

虫实属

中亚虫实 *Corispermum heptapotamicum*

英 文 名： Central asia tickseed

形态特征： 植株高 9 ~ 40 厘米，茎直立，圆柱形，密被毛；后期毛部分脱落；多分枝，下部分枝较长，上升或近平卧。叶条形或倒披针形，1 脉，被毛。穗状花序顶生和侧生，细长。花被片 1，稀 3，近轴花被片矩圆形；远轴 2，通常不发育；雄蕊 1。果实椭圆形，背部凸起，腹面凹入，无毛；果核倒卵形，光滑，灰绿色。花果期 7 ~ 9 月。

生　　境： 沙地和沙丘。

地理分布： 新疆南部、甘肃西部。

资源利用： 饲用。

蒙古虫实 *Corispermum mongolicum*

英 文 名： Mongolian tickseed

形态特征： 植株高 10 ~ 35 厘米，茎直立，圆柱形，被毛；分枝多集中于基部，最下部分枝较长，平卧或上升，上部分枝较短，斜展。叶条形或倒披针形，1 脉。穗状花序顶生和侧生，细长，圆柱形；苞片被毛，全部掩盖果实。花被片 1，顶端具不规则的细齿；雄蕊 1 ~ 5。果实较小，广椭圆形，背部强烈凸起，腹面凹入。花果期 7 ~ 9 月。

生　　境： 沙质戈壁、固定沙丘或沙质草原。

地理分布： 内蒙古西部、宁夏、甘肃、新疆东部。

资源利用： 饲用。

碟果虫实 *Corispermum patelliforme*

英 文 名：Patelliforme tickseed
形态特征：株高 10 ~ 45 厘米，茎直立，圆柱状，分枝多，集中于中上部，斜升。叶较大，长椭圆形或倒披针形，3 脉。穗状花序圆柱状，花密集，果期苞片掩盖果实。花被片 3，近轴花被片 1，宽卵形；远轴花被片 2，较小，三角形。雄蕊 5。果实圆形，扁平，背面平坦，腹面凹入，棕色或浅棕色；果翅极狭，向腹面反卷呈碟状。花果期 8 ~ 9 月。
生　　境：流动和半流动沙丘。
地理分布：内蒙古西部、甘肃东北部、宁夏和青海（柴达木）。
资源利用：饲用。

盐生草属

白茎盐生草 *Halogeton arachnoideus*

别　　名：灰蓬

英 文 名：Cobwebby halogeton

形态特征：一年生草本，高 10 ~ 40 厘米。茎直立，自基部分枝；枝互生，灰白色，幼时生蛛丝状毛，以后毛脱落。叶片圆柱形，顶端钝，有时有小短尖；花通常 2 ~ 3 朵，簇生叶腋；小苞片卵形；花被片宽披针形，背面有 1 条粗壮的脉，果时自背面的近顶部生翅；翅 5，半圆形，大小近相等，膜质透明；雄蕊 5；柱头 2；胞果。花果期 7 ~ 8 月。

生　　境：干旱山坡、沙地和河滩。

地理分布：山西、陕西、内蒙古、宁夏、甘肃、青海、新疆。

资源利用：植株火烧以取碱。

盐生草 *Halogeton glomeratus*

英 文 名： Clustered halogeton

形态特征： 一年生草本，高 5 ~ 30 厘米。茎直立，多分枝，互生，基部的近对生，无毛，灰绿色。叶互生，圆柱形，顶端有长刺毛，或脱落；花腋生，通常 4 ~ 6 朵聚集成团伞花序，遍布于植株；花被片披针形，膜质，背面有 1 条粗脉，果时自背面近顶部生翅；翅半圆形，膜质，有时翅不发育而花被增厚成革质；雄蕊常 2。花果期 7 ~ 9 月。

生　　境： 山脚、戈壁滩。

地理分布： 甘肃西部、青海、新疆及西藏。

资源利用： 药用（发汗、止咳平喘）。

盐穗木属

盐穗木 *Halostachys caspica*

英 文 名： Caspian halostachys

形态特征： 灌木，高 50 ~ 200 厘米。茎直立，多分枝，枝对生；老枝常无叶，小枝肉质，蓝绿色，有关节，密生小突起。叶鳞片状，对生，基部联合。花序穗状，交互对生，圆柱形，花序柄有关节；花被倒卵形，顶部 3 浅裂；柱头 2，有小突起。胞果卵形，果皮膜质；种子卵形或矩圆状卵形，红褐色，近平滑。花果期 7 ~ 9 月。

生　　境： 盐碱滩、河谷、盐湖边。

地理分布： 新疆、甘肃北部。

资源利用： 盐漠治理，饲用。

梭梭属

梭梭 *Haloxylon ammodendron*

别　　名：琐琐、梭梭柴

英 文 名：Saxoul

形态特征：小乔木，高 1 ~ 9 米。树干地径可达 50 厘米。树皮灰白色，木材坚而脆；老枝灰褐色或淡黄褐色，通常具环状裂隙。叶鳞片状，宽三角形，先端钝。花着生于二年生枝条的侧生短枝上；花被片矩圆形，先端钝。胞果黄褐色，果皮不与种子贴生。种子黑色，胚盘旋成上面平下面凸的陀螺状，暗绿色。花期 5 ~ 7 月，果期 9 ~ 10 月。

生　　境：沙丘上、盐碱土荒漠、河边沙地。

地理分布：宁夏西北部、甘肃西部、青海北部、新疆、内蒙古。

资源利用：固沙造林，薪材。

白梭梭 *Haloxylon persicum*

别　　名：波斯梭梭

英 文 名：Persican saxoul

形态特征：小乔木，高 1 ～ 7 米。树皮灰白色，木材坚而脆；老枝灰褐色或淡黄褐色，通常具环状裂隙；当年枝弯垂（幼树上的直立）。叶鳞片状，三角形，先端具芒尖，平伏于枝。花小苞片舟状，卵形，边缘膜质；花被片倒卵形；花盘不明显。胞果淡黄褐色，果皮不与种子贴生。花期 5 ～ 6 月，果期 9 ～ 10 月。

生　　境：沙丘。

地理分布：新疆北部。本区有引种栽培。

资源利用：固沙。

盐爪爪属

尖叶盐爪爪 *Kalidium cuspidatum*

英文名： Acutifoliate kalidium

形态特征： 小灌木，高 20 ~ 40 厘米。茎自基部分枝；枝近直立，灰褐色，小枝黄绿色；叶片较小，卵形，顶端急尖，稍内弯，基部半抱茎，下延。花序穗状，生于枝条的上部；花排列紧密，每 1 苞片内有 3 朵花；花被合生，上部扁平呈盾状，盾片呈长五角形，具狭窄的翅状边缘。胞果近圆形；种子近圆形，淡红褐色，有乳头状小突起。花果期 7 ~ 9 月。

生　　境： 盐湖边及盐碱滩地。

地理分布： 甘肃、宁夏、青海。

资源利用： 饲用。

盐爪爪 *Kalidium foliatum*

别　　名：灰碱柴

英 文 名：Foliated kalidium

形态特征：小灌木，高 20 ~ 50 厘米。茎直立或平卧，多分枝；枝灰褐色，小枝上部近草质，黄绿色。叶片圆柱状，伸展或稍弯，灰绿色，长 4 ~ 10 毫米；宽 2 ~ 3 毫米，基部下延，半抱茎。花序穗状，无柄，每 3 朵花生于 1 鳞状苞片内；花被合生，上部扁平呈盾状；雄蕊 2；种子直立，近圆形，密生乳头状小突起。花果期 7 ~ 8 月。

生　　境：盐碱滩、盐湖边。

地理分布：黑龙江、内蒙古、河北北部、甘肃北部、宁夏、青海、新疆。

资源利用：食用或饲用。

细枝盐爪爪 *Kalidium gracile*

别　　名： 碱柴

英 文 名： Slender branch kalidium

形态特征： 小灌木，高 20 ～ 50 厘米。茎直立，多分枝；老枝灰褐色，树皮开裂，小枝纤细，黄褐色，易折断。叶瘤状，黄绿色，基部狭窄，下延。花序为长圆柱形的穗状花序，细弱，长 1 ～ 3 厘米，直径约 1.5 毫米，每 1 苞片内生 1 朵花；花被合生，上部扁平成盾状，顶端有 4 个膜质小齿。种子卵圆形，淡红褐色，密生乳头状小突起。花果期 7 ～ 9 月。

生　　境： 河谷碱地、芨芨草滩及盐湖边。

地理分布： 内蒙古、陕西、甘肃、青海、宁夏、新疆。

资源利用： 食用或饲用。

地肤属

地肤 *Kochia scoparia*

别　　名：扫帚苗、扫帚菜

英 文 名：Belvedere

形态特征：一年生草本，高 50 ~ 100 厘米。根略呈纺锤形。茎直立，圆柱状，淡绿色或带紫红色，有多数条棱；分枝稀疏，斜上。叶披针形或条状披针形，先端短渐尖，通常有 3 条明显的主脉，边缘有疏生的锈色绢状缘毛；茎上部叶较小，1 脉。花两性或雌性，通常 1 ~ 3 朵生于上部叶腋。胞果扁球形。种子卵形，黑褐色。花期 6 ~ 9 月，果期 7 ~ 10 月。

生　　境：田边、路旁、荒地。

地理分布：全国广布。

资源利用：食用，观赏，药用（利小便、清湿热）。

盐角草属

盐角草 *Salicornia europaea*

别　　名：海蓬子

英 文 名：European sea horn

形态特征：一年生草本。茎直立，多分枝；枝肉质，苍绿色。叶不发育，鳞片状，顶端锐尖，基部连合成鞘状，边缘膜质。花序穗状，有短柄；花腋生，每1苞片内有3朵花，集成1簇，陷入花序轴内，中间的花较大，位于上部，两侧的花较小，位于下部；花被肉质，倒圆锥状；雄蕊伸出于花被之外；子房卵形；柱头2，钻状。果皮膜质；种子矩圆状卵形，种皮近革质，有钩状刺毛。花果期6～8月。

生　　境：盐碱地、盐湖旁及海边。

地理分布：辽宁、山西、陕西、宁夏、甘肃、内蒙古、青海、新疆、山东和江苏北部。

猪毛菜属

蒿叶猪毛菜 *Salsola abrotanoides*

英 文 名： Mugwort Russian thistle

形态特征： 匍匐状半灌木，高 15 ~ 40 厘米。老枝灰褐色，有纵裂纹，小枝草质，黄绿色，有细条棱，密生小突起。叶片半圆柱状，互生，老枝上的叶簇生于短枝的顶端，基部扩展，在扩展处的上部缢缩成柄状，叶片自缢缩处脱落。花序穗状，细弱；花被片背面肉质，边缘膜质，果时自背面中部生翅；翅 3 个较大，黄褐色，2 个稍小；花被片在翅以上部分，顶端钝，紧贴果实。种子横生。花期 7 ~ 8 月，果期 8 ~ 9 月。

生　　境： 山坡、山麓洪积扇、多砾石河滩。

地理分布： 新疆、青海、甘肃西部。

资源利用： 饲用。

木本猪毛菜 *Salsola arbuscula*

英 文 名： Woody Russian thistle

形态特征： 小灌木，高 40 ~ 100 厘米。多分枝。枝条开展，老枝淡灰褐色，有纵裂纹，小枝乳白色。叶互生，老枝上簇生于短枝的顶部，叶片半圆柱形，基部扩展而隆起，扩展处的上部缢缩柄状，叶片自缢缩处脱落，叶基残痕明显。花被片顶端有小突尖，果时自背面中下部生翅；翅 3 个为半圆形，2 个较狭窄；花被片在翅以上部分，向中央聚集，包覆果实，上部膜质，稍反折，呈莲座状。花期 7 ~ 8 月，果期 9 ~ 10 月。

生　　境： 山麓、砾质荒漠。

地理分布： 新疆、宁夏、内蒙古、甘肃西部。

资源利用： 饲用。

猪毛菜 *Salsola collina*

别　　名：刺蓬

英 文 名：Slender Russian thistle

形态特征：一年生草本,高20～100厘米。茎自基部分枝,枝互生,茎、枝绿色,有白色或紫红色条纹,生短硬毛或近于无毛。叶片丝状圆柱形,生短硬毛,顶端有刺状尖,基部扩展而下延。花序穗状,生于枝条上部;苞片卵形,顶部延伸,有刺状尖,背部有白色隆脊;花被片卵状披针形,膜质,顶端尖,果时变硬。花期7～9月,果期9～10月。

生　　境：村边、路边及荒芜场所。

地理分布：东北、华北、西北、西南。

资源利用：饲用,食用,药用(降血压)。

蒙古猪毛菜 *Salsola ikonnikovii*

英 文 名： Mongolian Russian thistle

形态特征： 一年生草本,高30～40厘米。
茎绿色,基部分枝;茎和枝有
白色条纹,沿条纹生稀疏的短
硬毛。叶片半圆柱形,基部扩
展,顶端有刺状尖。花序穗状,
花单生于苞腋;苞片顶端延伸
刺状尖;花被片果时变硬,革
质,自背面中部生翅;翅膜
质,3个较大,肾形或倒卵形,
顶部边缘有不规则的牙齿,2
个极狭窄。花期7～8月,
果期8～9月。

生　　境： 沙地、沙丘。

地理分布： 内 蒙 古、 甘 肃、 青 海、
新疆。

松叶猪毛菜 *Salsola laricifolia*

英 文 名： Needle Russian thistle

形态特征： 小灌木，高达 90 厘米。多分枝。老枝黑褐色或棕褐色，有浅裂纹，小枝乳白色。叶互生，老枝上的叶簇生于短枝的顶端，叶片半圆柱状，肥厚，黄绿色，基部扩展而不下延，扩展处的上部缢缩成柄状，叶片自缢缩处脱落，基部残留于枝上。花被片顶端钝，淡绿色，果时自背面中下部生翅；翅 3 个较大，肾形，2 个较小近圆形；花被片在翅以上部分，向中央聚集成圆锥体。花期 6 ~ 8 月，果期 8 ~ 9 月。

生　　境： 山坡、沙丘、砾质荒漠。

地理分布： 新疆北部、内蒙古、甘肃北部及宁夏。

珍珠猪毛菜 *Salsola passerina*

别　　名：珍珠

英 文 名：Pearl Russian thistle

形态特征：半灌木，高 15 ～ 30 厘米。植株密生丁字毛，基部分枝；老枝木质，灰褐色；小枝草质，黄绿色，短枝缩短成球形。叶片锥形或三角形，背面隆起，通常早落。花序穗状，生于枝条的上部；果时花被片自背面中部生翅；翅 3 个为肾形，黄褐色或淡紫红色，2 个较小为倒卵形；花被片在翅

以上部分，生丁字毛，向中央聚集成圆锥体，在翅以下部分，无毛。花期 7 ～ 9 月，果期 8 ～ 9 月。

生　　境：山坡、砾质滩地。

地理分布：甘肃、宁夏、青海及内蒙古。

资源利用：盐碱地改良，可饲用。

刺沙蓬 *Salsola ruthenica*

别　　名：木旋花、刺蓬、风滚草

英 文 名：Russian rhistle

形态特征：一年生草本，高 30 ～ 100 厘米。茎直立，自基部分枝，有白色或紫红色条纹。叶片半圆柱形或圆柱形，顶端有刺状尖，基部扩展。花序穗状，生于枝条的上部；苞片顶端有刺状尖；花被片果时变硬，自背面中部生翅；翅 3 个较大，无色或淡紫红色，2 个较狭窄；花被片在翅以上部分近革质，顶端为薄膜质，向中央聚集，包覆果实。种子横生。花期 8 ～ 9 月，果期 9 ～ 10 月。

生　　境：盐生荒漠、洪积扇砾质荒漠、小沙堆及河漫滩沙地。

地理分布：东北、华北、西北、西藏等。

资源利用：药用（调节血压）。

碱蓬属

角果碱蓬 *Suaeda corniculata*

形态特征： 一年生草本，高 15～60 厘米。茎圆柱形，具微条棱。叶条形，半圆柱状，基部稍缢缩，无柄。团伞花序通常含 3～6 花，于分枝上排列成穗状花序；花两性兼有雌性；花被顶基略扁，5 深裂，裂片大小不等，先端钝，果时呈不等大的角状突出；柱头 2。胞果扁，果皮与种子易脱离，种皮黑色，表面具清晰蜂窝状点纹。花果期 8～9 月。

生　　境： 盐碱土荒漠、湖边、河滩。

地理分布： 黑龙江、吉林、辽宁、内蒙古、河北、宁夏、甘肃、青海北部、新疆。

资源利用： 盐碱地改良。

碱蓬 *Suaeda glauca*

别　　名：盐蓬、碱蒿子、盐蒿子、盐蒿

英 文 名：Common seep weed

形态特征：一年生草本，高可达1米。茎直立，粗壮，浅绿色，有条棱，上部多分枝；枝细长，上升或斜伸。叶丝状条形，半圆柱状，灰绿色，光滑无毛，基部稍收缩。花两性兼有雌性，单生或2～5朵团集，大多着生于叶的近基部处；两性花花被杯状，黄绿色；雌花花被近球形，较肥厚，灰绿色；花被裂片卵状三角形，先端钝，果时增厚，使花被略呈五角星状，于后变黑色；雄蕊5；柱头2。花果期7～9月。

生　　境：海滩、荒地、路旁、田间等处盐碱地。

地理分布：北方、江苏、浙江等。

资源利用：种子可榨工业用油，药用（治疗食积停滞、发热）。

平卧碱蓬 *Suaeda prostrata*

英 文 名：Prostrate seep weed

形态特征：一年生草本，高 20 ～ 50 厘米。无毛。茎平卧或斜升，基部有分枝并稍木质化，具微条棱，上部分枝近平展并几等长。叶条形，半圆柱状，灰绿色，基部稍收缩并稍压扁。团伞花序2 至数朵，腋生；花两性，花被绿色，5 深裂，果时花被裂片增厚呈兜状，基部向外延伸翅状或舌状突起；柱头 2，黑褐色。胞果淡黄褐色。花果期 7 ～ 10 月。

生　　境：重盐碱地。

地理分布：内蒙古、山西、陕西、宁夏、甘肃、新疆等。

资源利用：盐碱地改良，可饲用。

盐地碱蓬 *Suaeda salsa*

别　　名： 翅碱蓬、黄须菜

英 文 名： Saline seep weed

形态特征： 一年生草本，高 20 ~ 80 厘米。绿色或紫红色。茎直立，有微条棱；分枝多集中于茎的上部，细瘦，开散或斜升。叶条形，半圆柱状，无柄。团伞花序通常含 3 ~ 5 花，腋生，在分枝上排列成有间断的穗状花序；花两性；花被半球形；裂片稍肉质。胞果包于花被内；果实成熟后常常破裂而露出种子。种子黑色，有光泽。花果期 7 ~ 10 月。

生　　境： 盐碱地。在海滩及湖边常形成单种群落。

地理分布： 黑龙江、吉林、辽宁、内蒙古、宁夏、青海、新疆、甘肃北部和西部、山东、江苏的沿海地区。

资源利用： 食用，盐碱地改良。

合头草属

 合头草 *Synpegna regelii*

别　　名：合头藜、列氏合头草、黑柴

英 文 名：Regel sympegma

形态特征：灌木，高可达 1.5 米。老枝多分枝，黄白色至灰褐色，通常具条状裂隙；当年生枝灰绿色，具多数单节间的腋生小枝；小枝基部具关节，易断落。叶直或稍弧曲，向上斜伸，先端急尖，基部收缩。花两性，通常 1～3 簇生于具单节间小枝的顶端；花被片直立，草质，具膜质狭边；雄蕊 5。胞果两侧稍扁，圆形，果皮淡黄色。花果期 7～10 月。

生　　境：轻盐碱化的荒漠、干山坡、冲积扇、沟沿。

地理分布：新疆、青海北部、甘肃西北部、宁夏。

资源利用：饲用，固沙。

马齿苋科 Portulacaceae

马齿苋属

马齿苋 *Portulaca oleracea*

别　　名：马苋

英 文 名：Little hogweed

形态特征：一年生草本。全株无毛。茎伏地铺散，多分枝，圆柱形，淡绿色或带暗红色。叶互生，有时近对生，叶片扁平肥厚，似马齿状，顶端圆钝或平截，有时微凹，基部楔形，全缘，上面暗绿色，下面淡绿色或带暗红色。花常3～5朵簇生枝端；花瓣5，黄色，倒卵形，顶端微凹；雄蕊8或更多。蒴果卵球形，盖裂；种子细小。花期5～8月，果期6～9月。

生　　境：菜园、农田、路旁。

地理分布：全国广布。

资源利用：饲用，种子药用（清热利湿、明目）。

报春花科 Primulaceae

海乳草属

 海乳草 *Glaux maritima*

英文名： Sea milkwort

形态特征： 茎高 3 ～ 25 厘米，直立或下部匍伏，节间短，通常有分枝。叶近无柄，交互对生或有时互生，近茎基部的 3 ～ 4 对鳞片状，膜质，上部叶肉质，全缘。花单生于茎中上部叶腋；花萼钟形，白色或粉红色，花冠状，分裂达中部；雄蕊 5；子房上半部密被小腺点。蒴果卵状球形，先端稍尖，略呈喙状。花期 6 月，果期 7 ～ 8 月。

生　　境： 海边及内陆河漫滩盐碱地和沼泽草甸。

地理分布： 内蒙古、陕西、甘肃、新疆、青海等。

资源利用： 饲用。

茜草科 Rubiaceae

拉拉藤属

 北方拉拉藤 *Galium boreale*

英文名：North bedstraw

形态特征：多年生直立草本，高 20 ~ 65 厘米。茎有 4 棱角。4 叶轮生，狭披针形或线状披针形，边缘常稍反卷；基出脉 3 条，下面常凸起，上面常凹陷。聚伞花序顶生和生于上部叶腋，常在枝顶结成圆锥花序式，密花；花小；花萼被毛；花冠白色或淡黄色，花冠裂片卵状披针形，花柱 2 裂至近基部。果小，果爿密被白色稍弯的糙硬毛。花期 5 ~ 8 月，果期 6 ~ 10 月。

生　　境：山坡、沟旁、草地的草丛、灌丛或林下。

地理分布：北方广布。

资源利用：药用（止咳祛痰、祛湿止痛）。

蓬子菜 *Galium verum*

别　　名：松叶草、铁尺草、蓬子草

英 文 名：Yellow spring bedstraw

形态特征：多年生近直立草本，基部稍木质，高 25 ～ 45 厘米。茎有 4 角棱，被短柔毛。线形叶纸质，6 ～ 10 片轮生，边缘极反卷成管状，下面有短柔毛，1 脉，无柄。聚伞花序顶生和腋生，较大，多花，通常圆锥花序状；花小，稠密；花冠黄色，辐状。果小，果爿双生，近球状。花期 4 ～ 8 月，果期 5 ～ 10 月。

生　　境：山地、河滩、旷野、沟边、草地、灌丛或林下。

地理分布：东北、西北、河北、山西、西藏等。

资源利用：药用（清热解毒、活血通经、祛风止痒）。

茜草属

茜草 *Rubia cordifolia*

英 文 名： Indian madder

形态特征： 草质攀缘藤木。根状茎和其节上的须根均红色。茎数至多条，从根状茎的节上发出，细长，方柱形，有 4 棱。叶通常 4 片轮生，纸质，披针形或长圆状披针形；基出脉 3 条，极少外侧有 1 对很小的基出脉。聚伞花序腋生和顶生，多回分枝，有花 10 余朵至数十朵；花冠淡黄色，干时淡褐色。果球形，成熟时橘黄色。花期 8～9 月，果期 10～11 月。

生　　境： 常生于疏林、林缘、灌丛或草地上。

地理分布： 东北、华北、西北、四川（北部）及西藏（昌都地区）。

夹竹桃科 Apocynaceae

罗布麻属

 罗布麻 *Apocynum venetum*

别　　名：茶叶花、野麻、红麻

英 文 名：Dogbane

形态特征：直立半灌木，高达4米。具乳汁。枝条对生或互生，圆筒形，紫红色或淡红色。叶对生，在分枝处近对生，叶缘具细牙齿；圆锥状聚伞花序一至多歧；花萼5深裂；花冠圆筒状钟形，紫红色或粉红色，花冠每裂片内外均具3条明显紫红色的脉纹。蓇葖果2；种子顶端有1簇白色绢质的种毛。花期4～9月（盛期6～7月），果期7～10月。

生　　境：盐碱荒地、沙漠边缘、冲积平原、河湖周围及戈壁荒滩。

地理分布：新疆、青海、甘肃、陕西等。

资源利用：蜜源，盐碱地改良，药用（平肝安神、清热利水、调节血压）。

鹅绒藤属

鹅绒藤 *Cynanchum chinense*

别　　名：羊奶角角、牛皮消
英 文 名：Chinese swallow-wort
形态特征：缠绕草本。主根圆柱状。全株被短柔毛。叶对生，薄纸质，宽三角状心形，顶端锐尖，基部心形，叶面深绿色，叶背苍白色。伞形聚伞花序腋生，两歧，着花约20朵；花冠白色，裂片长圆状披针形；副花冠二型，杯状，分为2轮。蓇葖果双生或仅有1个发育，细圆柱状；种子长圆形；种毛白色绢质。花期6～8月，果期8～10月。

生　　境：沙地、河滩地、田埂、沟渠。
地理分布：华北、西北、华东、辽宁。
资源利用：固沙，药用（清热解毒、消积健胃、利水消肿）。

老瓜头 *Cynanchum komarovii*

别　　名：飘柴、老鸹头

英 文 名：Komarov swallowwort

形态特征：直立半灌木，高达50厘米。全株无毛，根须状。叶革质，对生，狭椭圆形，干后常呈粉红色，近无柄。伞形聚伞花序近顶部腋生，着花10余朵；花萼5深裂；花冠紫红色或暗紫色；副花冠5深裂；花粉块每室1个，下垂；柱头扁平。蓇葖果单生，匕首形；种子扁平；种毛白色绢质。花期6~8月，果期7~9月。

生　　境：沙漠、荒山坡。

地理分布：宁夏、甘肃、河北和内蒙古等。

资源利用：种子药用（退热、止泻）。

戟叶鹅绒藤 *Cynanchum sibiricum*

英 文 名：Siberian swallowwort
形态特征：多年生缠绕藤本。根粗壮，圆柱状。叶对生，纸质，戟形或戟状心形，基部具 2 个长圆状平行或略为叉开的叶耳，两面均被柔毛。伞房状聚伞花序腋生；花萼外面被柔毛；花冠外面白色，内面紫色，裂片长圆形；副花冠双轮，外轮筒状，内轮 5 条裂较短。蓇葖果单生，狭披针形；种子长圆形；种毛白色绢质。花期 5 ~ 8 月，果期 6 ~ 10 月。

生　　境：干旱、荒漠灰钙土洼地。
地理分布：内蒙古、甘肃和新疆。
资源利用：根药用（化湿利水、祛风止痛）。

地梢瓜 *Cynanchum thesioides*

别　　名： 地梢花、雀瓢
英 文 名： Thesium-like swallow-wort
形态特征： 直立半灌木。地下茎单轴横生；茎自基部多分枝。叶对生或近对生，线形，叶背中脉隆起。伞形聚伞花序腋生；花萼外面被柔毛；花冠绿白色；副花冠杯状，裂片三角状披针形。蓇葖果纺锤形；种子扁平，暗褐色；种毛白色绢质。花期 5 ~ 8 月，果期 8 ~ 10 月。
生　　境： 沙漠、荒山坡。
地理分布： 东北、华北、西北。
资源利用： 饲用，幼果食用，制工业胶，药用（益气、通乳）。

杠柳属

 杠柳 *Periploca sepium*

别　　名：北五加皮、羊奶子、羊角条、狭
　　　　　叶萝藦
英 文 名：Chinese silkvine
形态特征：落叶蔓性灌木，长可达 1.5 米。
　　　　　具乳汁，除花外全株无毛；茎皮
　　　　　灰褐色；小枝常对生，具皮孔。
　　　　　叶卵状长圆形。聚伞花序腋生，
　　　　　着花数朵；花冠紫红色，内面被
　　　　　长柔毛；副花冠环状，10 裂。蓇
　　　　　葖果 2，圆柱状，无毛，具有纵
　　　　　条纹；种子长圆形，黑褐色，顶
　　　　　端具白色绢质种毛。花期 5 ~ 6
　　　　　月，果期 7 ~ 9 月。

生　　境：平原及低山丘的林缘、沟坡、河边沙质地或地埂。
地理分布：吉林、内蒙古、山东、河南、江西、陕西和甘肃等。
资源利用：药用（祛风湿、壮筋骨、强腰膝）；有毒。

白麻属

大叶白麻 *Poacynum hendersonii*

别　　名：野麻、大花罗布麻
英 文 名：Large leaf poacynum
形态特征：直立半灌木，高 1 ~ 2.5 米。植株
　　　　　含乳汁。叶坚纸质，互生，叶两面
　　　　　有颗粒状突起，叶缘具细牙齿。圆
　　　　　锥状聚伞花序 1 至多歧；苞片反
　　　　　折；花萼 5 裂；花冠下垂，外面
　　　　　粉红色，内面稍带紫色，花冠裂片
　　　　　反折，每裂片具有 3 条深紫色的脉
　　　　　纹；雄蕊 5；雌蕊 1。蓇葖果 2；种
　　　　　子顶端 1 簇白色绢质的种毛。花期
　　　　　4 ~ 9 月（盛期 6 ~ 7 月），果期
　　　　　7 ~ 10 月。
生　　境：盐碱荒地、沙漠边缘、河湖周围、
　　　　　冲积平原。
地理分布：新疆、青海和甘肃等。
资源利用：蜜源，饲用，食用，药用（降血压）。

紫草科 Boraginaceae

软紫草属

 灰毛软紫草 *Arnebia fimbriata*

英文名：Greyhairy arnebia

形态特征：多年生草本。全株密生灰白色长硬毛。茎通常多条，高 10 ~ 18 厘米，多分枝。叶无柄，线状长圆形至线状披针形。聚伞花序；苞片线形；花萼裂片钻形，两面密生长硬毛；花冠淡蓝紫色或粉红色，有时为白色，裂片宽卵形，边缘具不整齐牙齿；子房 4 裂，花柱先端微 2 裂。小坚果三角状卵形，密生疣状突起，无毛。花果期 6 ~ 9 月。

生　　境：戈壁、山前冲积扇及砾石山坡。

地理分布：宁夏、甘肃西部及青海（柴达木盆地）。

资源利用：药用。

黄花软紫草 *Arnebia guttata*

别　　名：内蒙古紫草

英 文 名：Common arnebia

形态特征：多年生草本。根含紫色物质。茎直
立，多分枝，高 10 ~ 25 厘米，密生
开展的长硬毛和短伏毛。叶无柄，两
面密生具基盘的白色长硬毛。聚伞花
序含多数花；苞片线状披针形。花萼
裂片线形，有开展或半贴伏的长伏
毛；花冠黄色，筒状钟形，裂片常有
紫色斑点；柱头肾形。小坚果三角状
卵形，淡黄褐色，有疣状突起。花果
期 6 ~ 10 月。

生　　境：戈壁、石质山坡、湖滨砾石地。

地理分布：西藏、新疆、宁夏、甘肃等。

资源利用：药用（凉血、活血、清热、解毒）。

斑种草属

狭苞斑种草 *Bothriospermum kusnezowii*

英 文 名： Kusnezow spotseed

形态特征： 一年生草本。茎数条丛生，直立或平卧，被开展的硬毛及短伏毛，由下部多分枝。基生叶莲座状，倒披针形或匙形，茎生叶无柄，长圆形或线状倒披针形，具苞片；苞片线形或线状披针形，密生硬毛及伏毛；花冠淡蓝色、蓝色或紫色，钟状，裂片圆形，有明显的网脉；花药椭圆形或卵圆形；花柱短，柱头头状。小坚果椭圆形，密生疣状突起，腹面的环状凹陷圆形，增厚的边缘全缘。花果期 5 ~ 7 月。

生　　境： 山坡道旁、干旱农田及山谷林缘。

地理分布： 河北、山西、内蒙古、宁夏、甘肃、陕西、青海、吉林、黑龙江。

鹤虱属

鹤虱 *Lappula myosotis*

别　　名：鬼虱

英 文 名：Myosotis stickseed

形态特征：一年生或二年生草本。茎直立，高 30 ~ 60 厘米，中部以上多分枝，密被白色短糙毛。基生叶长圆状匙形，基部渐狭成长柄，两面密被白色长糙毛；茎生叶较短而狭。花萼 5 深裂，裂片线形；花冠淡蓝色，喉部附属物梯形。小坚果卵状，背面有颗粒状疣突，边缘有 2 行近等长的锚状刺，腹面通常具棘状突起或有小疣状突起。花果期 6 ~ 9 月。

生　　境：山坡草地。

地理分布：华北、西北。

资源利用：饲用，药用（消炎杀虫）。

狼紫草属

狼紫草 *Lycopsis orientalis*

别　　名：牛舌草

英 文 名：Oriental lycopsis

形态特征：一年生草本。茎高 10 ~ 40 厘米，常自下部分枝，有开展的稀疏长硬毛。基生叶和茎下部叶有柄，其余无柄，两面疏生硬毛，边缘有微波状小牙齿。花萼 5 裂至基部，有半贴伏的硬毛，果期增大，星状开展；花冠蓝紫色，有时紫红色，筒下部稍膝曲；雄蕊着生花冠筒中部之下；花柱柱头球形，2 裂。小坚果肾形，淡褐色，表面有网状皱纹和小疣点。种子褐色，子叶狭长卵形，肥厚，胚根在上方。

生　　境：山坡、河滩、田边。

地理分布：内蒙古、陕西、宁夏、甘肃、青海、新疆等。

资源利用：种子榨油供食用。

砂引草属

砂引草 *Messerschmidia sibirica*

英文名：Siberian messerschmidia

形态特征：多年生草本，高 10 ~ 30 厘米。有细长的根状茎。茎单一或数条丛生，直立或斜升，通常分枝。茎、叶及花萼密生糙伏毛或白色长柔毛。叶中脉明显，上面凹陷，下面突起。花序顶生；萼片披针形；花冠黄白色，钟状；柱头浅 2 裂。核果椭圆形或卵球形，成熟时分裂为 2 个各含 2 粒种子的分核。花期 5 月，果实 7 月成熟。

生　　境：海滨沙地、干旱荒漠及山坡道旁。

地理分布：东北、河北、河南、山东、陕西、甘肃、宁夏。

资源利用：饲用。

聚合草属

 聚合草 *Symphytum officinale*

别　　名：友谊草、紫根草
英 文 名：Common comfrey
形态特征：丛生型多年生草本，高
30 ~ 90 厘米。全株被硬毛
和短伏毛。茎数条，直立
或斜升，有分枝。基生叶
通常 50 ~ 80，具长柄，稍
肉质；茎生叶无柄，基部
下延。花序含多数花；花
萼裂至近基部，裂片披针
形；花冠淡紫色、紫红色
至黄白色；子房常不育，
偶尔个别花内成熟 1 个小
坚果。小坚果歪卵形，黑
色，平滑，有光泽。花期
5 ~ 10 月。

生　　境：山林地带。
地理分布：栽培种，有逸生。
资源利用：饲用，观赏，药用（凉血活血、促进伤口愈合）。

附地菜属

 附地菜 *Trigonotis peduncularis*

别　　名： 地胡椒

英 文 名： Pedunculate trigonotis

形态特征： 一年生或二年生草本。茎通常多条丛生，密集，铺散，高5～30厘米，基部多分枝，被短糙伏毛。基生叶呈莲座状，两面被糙伏毛，茎上部叶长圆形。花序生于茎顶；花梗顶端与花萼连接部分变粗呈棒状；花冠淡蓝色或粉色，筒部甚短，裂片平展，先端圆钝，喉部附属5，白色或带黄色。小坚果4，斜三棱锥状四面体形。早春开花，花期甚长。

生　　境： 平原、丘陵草地、林缘、田间及荒地。

地理分布： 西藏、云南、江西、新疆、甘肃、内蒙古等。

资源利用： 观赏，食用，药用（健胃、消肿止痛、止血）。

旋花科 Convolvulaceae

打碗花属

 打碗花 *Calystegia hederacea*

别　　名： 燕覆子、兔耳草、富苗秧、傅斯劳草、兔儿苗

形态特征： 一年生草本。全体不被毛，植株通常矮小，具细长白色的根。茎细，平卧，有细棱。叶片基部心形或戟形；叶柄长 1 ~ 5厘米。花腋生，1 朵，花梗长于叶柄，有细棱；苞片宽卵形；萼片长圆形；花冠淡紫色或淡红色，钟状；子房无毛，柱头 2 裂，裂片长圆形，扁平。蒴果卵球形。种子黑褐色，表面有小疣。

生　　境： 农田、荒地、路旁。

地理分布： 全国广布。

资源利用： 药用（调经活血）。

旋花属

银灰旋花 *Convolvulus ammannii*

英文名： Silvery-grey glorybind

形态特征： 多年生草本。根状茎短，木质化，高 2 ~ 15 厘米，平卧或上升，枝和叶密被贴生银灰色绢毛。叶互生，线形或狭披针形，先端锐尖，基部狭，无柄。花单生枝端；萼片 5；花冠小，漏斗状，淡玫瑰色或白色带紫色条纹，有毛，5 浅裂；雄蕊 5；花柱 2 裂，柱头 2。蒴果球形，2 裂。种子 2 ~ 3，卵圆形，光滑，具喙，淡褐红色。

生　　境： 干旱山坡草地或路旁。

地理分布： 东北、西北。

资源利用： 饲用，药用（解表、止咳）。

田旋花 *Convolvulus arvensis*

别　　名：中国旋花、箭叶旋花
英 文 名：European glorybind
形态特征：多年生草本。根状茎横走，茎
　　　　　平卧或缠绕，有条纹及棱角。
　　　　　叶卵状长圆形至披针形，基部
　　　　　大多戟形，或箭形及心形，全
　　　　　缘或3裂。花序腋生，1或有时
　　　　　2 ~ 3至多花；线形苞片2，远
　　　　　离花托；萼片有毛；花冠宽漏斗
　　　　　形，白色或粉红色，5浅裂；雄
　　　　　蕊5，子房2室，柱头2。蒴果
　　　　　卵球形或圆锥形。种子4，暗褐
　　　　　色或黑色。

生　　境：耕地及荒坡草地。
地理分布：全国广布。
资源利用：食用，药用（调经活血、滋阴补虚）。

鹰爪柴 *Convolvulus gortschakovii*

别　　名：铁猫刺、鹰爪

英 文 名：Gortschakov's glorybind

形态特征：亚灌木或近于垫状小灌木，高 10 ~ 30 厘米。具或多或少呈直角开展而密集的分枝，小枝具短而坚硬的刺；枝条、小枝和叶均密被贴生银色绢毛；叶先端锐尖或钝，基部渐狭。花单生于短的侧枝上，常在末端具 2 个小刺；萼不相等；花冠漏斗状，玫瑰色；雄蕊 5；花盘环状；柱头 2。蒴果阔椭圆形。花期 5 ~ 6 月。

生　　境：沙漠及干燥多砾石的山坡。

地理分布：内蒙古西部及甘肃西北部。

资源利用：蜜源，固沙，水土保持。

菟丝子属

南方菟丝子 *Cuscuta australis*

别　　名：金线藤

英 文 名：Austral dodder

形态特征：一年生寄生草本。茎缠绕，黄色，纤细，无叶。花序侧生，少花或多花簇生成小伞形或小团伞花序；苞片及小苞片小，鳞片状；花萼杯状，中部以下连合；花冠乳白色或淡黄色，杯形；子房近球形，花柱2，柱头球形。蒴果球形，下半部为宿存的花冠所包围。种子4，淡褐色，卵形，表面粗糙。

生　　境：田边、山坡阳处、路边灌丛，寄生于豆科、菊科、藜科等多种植物上。

地理分布：全国广布。

资源利用：种子药用（补肾益精、养肝明目）。

茄科 Solanaceae

曼陀罗属

 曼陀罗 *Datura stramonium*

别　　名：洋金花
英 文 名：Jimson weed
形态特征：草本或半灌木状，高 0.5 ~ 1.5 米。茎粗壮，下部木质化。叶广卵形，基部不对称楔形。花单生于枝杈间或叶腋，直立；花萼筒状，有 5 棱角，5 浅裂；花冠漏斗状，下半部带绿色，上部白色或淡紫色，檐部 5 浅裂。蒴果直立，表面生有坚硬针刺或有时无刺近平滑，成熟后淡黄色，规则 4 瓣裂。种子卵圆形，黑色。花期 6 ~ 10 月，果期 7 ~ 11 月。
生　　境：住宅旁、路边或草地。
地理分布：全国广布。
资源利用：种子油可制皂，药用（镇痉、镇静、镇痛、麻醉）；有毒。

天仙子属

 天仙子 *Hyoscyamus niger*

别　　名：莨菪、黑莨菪、米罐子
英 文 名：Black henbane
形态特征：二年生草本，高达1米。全体被黏性腺毛。一年生茎极短，莲座叶卵状披针形；翌年生茎下部木质化，茎生叶无叶柄而基部半抱茎。花在茎中部以下单生于叶腋，在茎上端则单生于苞状叶腋内而聚集成蝎尾式总状花序，通常偏向一侧。萼筒钟形，花后增大成坛状，裂片开张；花冠钟状，黄色而脉纹紫堇色。蒴果包藏于宿存萼内。花期5～8月，果期7～10月。
生　　境：山坡、路旁、住宅区及河岸沙地。
地理分布：华北、西北及西南。
资源利用：种子油制肥皂，药用（镇痉镇痛、镇咳麻醉）；有毒。

枸杞属

宁夏枸杞 *Lycium barbarum*

别　　名：中宁枸杞、津枸杞、山枸杞

英 文 名：Barbary wolfberry

形态特征：灌木，高 0.8 ~ 2 米。分枝细
密，野生时多开展而略斜升或
弓曲，有纵棱纹，灰白色或
灰黄色，有不生叶的短棘刺和
生叶、花的长棘刺。叶互生或
簇生，披针形或长椭圆状披针
形。花萼常 2 中裂，裂片有小
尖头或顶端又 2 ~ 3 齿裂；花
冠紫堇色，边缘无缘毛；雄蕊
的花丝基部稍上处及花冠筒内
壁生 1 圈密茸毛。浆果红色。
花果期 5 ~ 10 月。

生　　境：土层深厚的沟岸、山坡、田埂
和宅旁。

地理分布：北方广布。多地有栽培。

资源利用：水土保持，造林绿化，药用
（滋肝补肾、益精明目）。

枸杞 *Lycium chinense*

别　　名：红刺梿、枸杞菜

英 文 名：Chinese desert-thorn

形态特征：多分枝灌木，高 0.5 ~ 1 米。枝条细弱，弓状弯曲或俯垂，淡灰色，小枝顶端锐尖成棘刺状。单叶互生或 2 ~ 4 枚簇生，卵形、卵状菱形或卵状披针形。花萼常 3 中裂或 4 ~ 5 齿裂，具缘毛；花冠淡紫色，5 深裂，裂片边缘有缘毛；雄蕊的花丝基部稍上处及花冠筒内壁生 1 圈密茸毛。浆果红色，卵状。种子扁肾脏形，黄色。花果期 6 ~ 11 月。

生　　境：山坡、荒地、丘陵地、盐碱地、路旁及村边宅旁。

地理分布：东北、华中、华南、华东、陕西、甘肃等。

资源利用：水土保持，造林绿化，药用（滋肝补肾、益精明目、解热止咳）。

黑果枸杞 *Lycium ruthenicum*

别　　名：苏枸杞

英 文 名：Blackfruit wolfberry

形态特征：多棘刺灌木，高20～50（～150）厘米。多分枝，分枝呈"之"字形曲折，斜升或横卧于地面，白色或灰白色，坚硬，小枝顶端渐尖成棘刺状。叶2～6簇生于短枝上，在幼枝上则单叶互生，肥厚肉质，近无柄。花1～2朵生于短枝上。花萼狭钟状；花冠漏斗状，浅紫色，5浅裂。浆果紫黑色，球状，有时顶端稍凹陷。花果期5～10月。

生　　境：盐碱土荒地、沙地或路旁。

地理分布：陕西北部、宁夏、甘肃、青海、新疆和西藏。

资源利用：水土保持，食用。

茄属

龙葵 *Solanum nigrum*

别　　名：山辣椒、野茄秧

英 文 名：Black nightshade

形态特征：一年生直立草本，高 0.25 ～ 1 米。茎绿色或紫色。叶卵形，基部楔形至阔楔形而下延至叶柄，全缘或每边具不规则的波状粗齿。蝎尾状花序腋外生，由 3 ～ 6 (～ 10) 花组成；萼小，浅杯状；花冠白色，5 深裂，裂片卵圆形；柱头头状。浆果球形，熟时黑色。种子多数，两侧压扁。

生　　境：田边、荒地及村庄附近。

地理分布：全国广布。

资源利用：药用（散瘀消肿、清热解毒）。

青杞 *Solanum septemlobum*

别　　名：野枸杞、野茄子、狗杞子

形态特征：直立草本或灌木状。茎具棱角。叶互生，卵形，先端钝，基部楔形，通常7裂，有时5~6裂或上部的近全缘。二歧聚伞花序，顶生或腋外生，总花梗长具微柔毛或近无毛；萼小，杯状，5裂；花冠青紫色，花冠筒隐于萼内；花药黄色，长圆形，顶孔向内；子房卵形，花柱丝状，柱头头状，绿色。浆果近球状，熟时红色；种子扁圆形。花期夏秋间，果熟期秋末冬初。

生　　境：山坡。

地理分布：新疆、甘肃、内蒙古、黑龙江、吉林、辽宁、河北、山西、陕西、山东、河南、安徽、江苏及四川。

车前科 Plantaginaceae

杉叶藻属

 杉叶藻 *Hippuris vulgaris*

英 文 名：Common mare's-tail

形态特征：多年生水生草本。全株光滑无毛。茎直立，多节，常带紫红色，上部不分枝，下部合轴分枝，生于泥中。叶条形，轮生，两型，无柄。沉水叶线状披针形；露出水面的叶条形或狭长圆形。花细小，两性，单生叶腋，萼全缘，常带紫色；无花盘；果为小坚果状。花期 4 ~ 9 月，果期 5 ~ 10 月。

生　　境：池沼、湖泊、泉水等浅水处。

地理分布：东北、华北北部、西北等。

资源利用：饲用。

车前属

车前 *Plantago asiatica*

别　　名：车轮草、车轱辘菜
英 文 名：Common plantago
形态特征：二年生或多年生草本。须根多数。根茎短。叶基生呈莲座状，平卧、斜展或直立；叶片纸质，宽卵形至宽椭圆形；脉 5 ~ 7 条，叶柄基部扩大成鞘。花序 3 ~ 10 个，直立或弓曲

上升；花序梗有纵条纹，疏生白色短柔毛；穗状花序细圆柱状。花冠白色，具明显的中脉。雄蕊与花柱明显外伸。种子具角，黑褐色至黑色。花期 4 ~ 8 月，果期 6 ~ 9 月。
生　　境：山野、路旁、花圃、河边。
地理分布：全国广布，以北方居多。
资源利用：食用，药用（祛痰、镇咳、平喘）。

平车前 *Plantago depressa*

别　　名：车前草

英 文 名：Depressed plantain

形态特征：一年生或二年生草本。直根长。根茎短。叶基生呈莲座状；叶片纸质，基部楔形，下延至叶柄，脉5～7条，两面疏生白色短柔毛；叶柄基部扩大成鞘状。花序3至十余个；花序梗长5～18厘米，有纵条纹，疏生白色短柔毛；穗状花序细圆柱状，上部密集，基部常间断，长6～12厘米。花冠白色，裂片极小，于花后反折。雄蕊着生于冠筒内面近顶端，同花柱明显外伸。蒴果。种子4～5。花期5～7月，果期7～9月。

生　　境：草地、河滩、沟边、草甸、田间及路旁。

地理分布：全国广布，以北方居多。

资源利用：食用，药用（镇咳、平喘）。

大车前 *Plantago major*

别　　名：钱贯草

英 文 名：Common plantain

形态特征：二年生或多年生草本。须根多数。叶基生呈莲座状，平卧、斜展或直立；叶片宽卵形至宽椭圆形，脉（3～）5～7条；叶柄基部鞘状，常被毛。花序1至数个；花序梗有纵条纹；穗状花序细圆柱状；花无梗。花冠白色。雄蕊与花柱明显外伸。种子具角，腹面隆起或近平坦，黄褐色。花期6～8月，果期7～9月。

生　　境：草地、草甸、河滩、沟边、沼泽地、山坡路旁、田边或荒地。

地理分布：全国广布。

资源利用：药用（清热利尿、祛痰、凉血、解毒）。

小车前 *Plantago minuta*

别　　名：条叶车前、细叶车前

英 文 名：Little plantain

形态特征：一年生或多年生小草本。直根细长。叶、花序梗及花序轴密被灰白色或灰黄色长柔毛。叶基生呈莲座状，平卧或斜展；叶片硬纸质，全缘，脉 3 条，基部扩大成鞘状。花序 2 至多数；花序梗直立或弓曲上升，纤细；穗状花序短圆柱状至头状。花冠白色，花后反折。胚珠 2。种子 2，深黄色至深褐色。花期 6 ~ 8 月，果期 7 ~ 9 月。

生　　境：戈壁滩、沙地、沟谷、河滩、沼泽地、盐碱地。

地理分布：内蒙古、山西、宁夏、甘肃、青海、新疆等。

资源利用：饲用。

婆婆纳属

阿拉伯婆婆纳 *Veronica persica*

别　　名：波斯婆婆纳

形态特征：铺散多分枝草本。茎密生2列多细胞柔毛。叶2~4对，具短柄，卵形或圆形，基部浅心形，平截或浑圆，边缘具钝齿，两面疏生柔毛。总状花序很长；苞片互生，与叶同形且几等大；花冠蓝色、紫色或蓝紫色，裂片卵形至圆形，喉部疏被毛；雄蕊短于花冠。蒴果肾形，被腺毛，成熟后几无毛，网脉明显。种子背面具深的横纹。花期3~5月。

生　　境：路边及荒野。

地理分布：华东、华中、贵州、云南、西藏东部及新疆。

玄参科 Scrophulariaceae

玄参属

 砾玄参 *Scrophularia incisa*

英 文 名：Slashleaf slipplejack

形态特征：半灌木状草本，高 20 ~ 70 厘米。茎近圆形。叶片基部楔形至渐狭呈短柄状，边缘浅齿至浅裂，无毛。圆锥花序顶生、稀疏而狭，聚伞花序有花 1 ~ 7，总梗和花梗都生微腺毛；花萼裂片近圆形，有狭膜质边缘；花冠玫瑰红色至暗紫红色，下唇色较浅，花冠筒球状，上唇裂片顶端圆形。蒴果球状卵形。花期 6 ~ 8 月，果期 8 ~ 9 月。

生　　境：河滩石砾地、湖边沙地或湿山沟草坡。

地理分布：内蒙古、宁夏、甘肃、青海。

资源利用：栽培观赏，花和叶可提芳香油，药用（解毒、通脉）。

唇形科 Labiatae

莸属

蒙古莸 *Caryopteris mongholica*

别　　名： 白沙蒿、山狼毒、兰花茶

英 文 名： Mongolian bluebeard

形态特征： 落叶小灌木。常自基部分枝，高 0.3 ~ 1.5 米；嫩枝紫褐色，有毛。叶片厚纸质，线状披针形或线状长圆形，全缘，背面密生灰白色茸毛；聚伞花序腋生；花萼外面密生灰白色茸毛，5 深裂；花冠蓝紫色，5 裂，下唇中裂片较长大，边缘流苏状，管内喉部有细长柔毛；雄蕊 4；柱头 2 裂。蒴果椭圆状球形，果瓣具翅。花果期 8 ~ 10 月。

生　　境： 干旱坡地、沙丘荒野及干旱碱质土壤。

地理分布： 河北、山西、陕西、内蒙古、甘肃、宁夏。

资源利用： 芳香植物，观赏，药用（祛风湿、活血止痛）。

夏至草属

夏至草 *Lagopsis supina*

别　　名：灯笼棵、夏枯草、白花夏枯、白花益母

英文名：Supine lagopsis

形态特征：多年生草本。具圆锥形的主根。茎四棱形，具沟槽，带紫红色，密被微柔毛，常在基部分枝。叶为圆形或卵圆形，上面疏生微柔毛，下面沿脉上被长柔毛，余部具腺点，边缘具纤毛，脉掌状。轮伞花序疏花；花萼管状钟形；花冠白色，稀粉红色；雄蕊4，着生于冠筒中部稍下，不伸出；花药卵圆形。花盘平顶。小坚果长卵形，褐色。花期3~4月，果期5~6月。

生　　境：生于路旁、旷地上。

地理分布：黑龙江、吉林、辽宁、内蒙古、河北、河南、山西、山东、浙江、江苏、安徽、湖北、陕西、甘肃、新疆、青海、四川、贵州、云南等。

资源利用：药用。

益母草属

细叶益母草 *Leonurus sibiricus*

别　　名： 益母蒿、坤草、九重楼

英 文 名： Mother wort

形态特征： 一年生或二年生草本。茎直立，高 30 ~ 120 厘米，钝四棱形，微具槽，有倒向糙伏毛。茎下部叶卵形，掌状 3 裂，裂片上再裂。轮伞花序腋生，具 8 ~ 15 花，圆球形；小苞片刺状伸出。花萼齿 5。花冠粉红色至淡紫红色，冠檐二唇形，上唇边缘具纤毛，下唇 3 裂。雄蕊 4，前对较长。小坚果长圆状三棱形。花期 6 ~ 9 月，果期 9 ~ 10 月。

生　　境： 石质及沙质草地上及林中。

地理分布： 全国广布。

资源利用： 药用（活血、调节血压）。

薄荷属

薄荷 *Mentha haplocalyx*

别　　名：野薄荷、野仁丹草、水薄荷

英 文 名：Wild mint

形态特征：多年生草本。茎直立，高 30 ~ 60 厘米，下部数节具纤细的须根及水平匍匐根状茎，锐四棱形，具四槽，多分枝。叶片边缘疏生粗大的牙齿状锯齿。轮伞花序腋生。花萼管状钟形，萼齿 5。花冠淡紫色，冠檐 4 裂，上裂片先端 2 裂，较大，其余 3 裂片近等大。雄蕊 4，前对较长，伸出于花冠之外。小坚果卵珠形，黄褐色。花期 7 ~ 9 月，果期 10 月。

生　　境：水旁潮湿地。

地理分布：南北各地广布。

资源利用：食用，药用（缓解疼痛、利尿、化痰、抗菌）。

鼠尾草属

粘毛鼠尾草 *Salvia roborowskii*

英 文 名：Stickyhair sage

形态特征：一年生或二年生草本。根长锥形，褐色。全株密备黏腺硬毛。茎直立，高 30 ～ 90 厘米，多分枝，钝四棱形，具四槽。叶片戟形或戟状三角形，两面被粗伏毛，下面被有浅黄色腺点。轮伞花序 4 ～ 6 花。花萼钟形，花后增大，二唇形。花冠黄色，冠檐二唇形，上唇直伸，全缘，下唇3 裂。能育雄蕊 2。花柱先端不等 2 浅裂。花期 6 ～ 8 月，果期9 ～ 10 月。

生　　境：山坡草地、沟边阴处、山脚。

地理分布：西南、甘肃、青海。

资源利用：药用（清肝、明目、止痛）。

黄芩属

 黄芩 *Scutellaria baicalensis*

别　　名：山茶根

英 文 名：Baikal skullcap

形态特征：多年生草本，高 15 ～ 120 厘米。根茎肥厚，肉质。茎基部伏地，上升，钝四棱形，自基部多分枝。叶坚纸质，全缘，密被下陷的腺点，侧脉 4 对。花序在枝上顶生，总状。萼缘被疏柔毛。花冠紫色、紫红色至蓝色；冠筒近基部明显膝曲；冠檐 2 唇形，上唇盔状，先端微缺。雄蕊 4，前对较长。小坚果卵球形，黑褐色。花期 7 ～ 8 月，果期 8 ～ 9 月。

生　　境：向阳草坡地、休荒地。

地理分布：黑龙江、辽宁、内蒙古、河北、河南、甘肃、山东、四川等。

资源利用：药用（治疗炎症和心血管疾病）。

列当科 Orobanchaceae

马先蒿属

阿拉善马先蒿 *Pedicularis alaschanica*

英 文 名： Alashan wood betony

形态特征： 多年生草本，高达 35 厘米。根粗壮而短。茎基部分枝，常多数，多少直立或侧茎铺散上升，中空，微有 4 棱，密被短而锈色茸毛。叶下部者对生，上部者 3～4 枚轮生。花序穗状，生于茎枝端，长短不一；苞片叶状；萼膜质，前方开裂，脉 5 主 5 次，沿脉被长柔毛，齿 5 枚；花冠黄色；雄蕊花丝着生于管的基部，前方 1 对端有长柔毛。

生　　境： 多石砾河谷、向阳山坡及湖边平地。

地理分布： 我国特有种。青海、甘肃、内蒙古。河西走廊祁连山前荒地多有分布。

资源利用： 饲用。

肉苁蓉属

 肉苁蓉 *Cistanche deserticola*

别　　名：大芸

形态特征：草本，高 40 ~ 160 厘米，大部分
地下生。茎下部直径可达 15 厘
米。叶宽卵形或三角状卵形，两
面无毛。花序穗状，长 15 ~ 50 厘
米；小苞片 2。花萼钟状，顶端 5
浅裂。花冠顶端 5 裂，边缘常稍外
卷，淡黄白色或淡紫色，干后常变
棕褐色。雄蕊 4，密被长柔毛。蒴
果卵球形，2 瓣开裂。花期 5 ~ 6
月，果期 6 ~ 8 月。

生　　境：沙丘。主要寄主有梭梭及白梭梭。

地理分布：内蒙古、甘肃及新疆。

资源利用：药用（温肾壮阳、润肠通便、
补血）。

列当属

弯管列当 *Orobanche cernua*

别　　名： 二色列当、欧亚列当

形态特征： 一年、二年或多年生寄生草本，高 15 ~ 40 厘米，全株密被腺毛。常具多分枝的肉质根。茎黄褐色，不分枝。叶三角状卵形或卵状披针形。花序穗状，具多数花；花萼钟状，2 深裂至基部。花冠口部稍膨大，筒部淡黄色；上唇 2 浅裂，下唇稍短于上唇，3 裂，裂片淡紫色或淡蓝色。雄蕊 4，无毛。柱头 2 浅裂。蒴果干后深褐色。花期 5 ~ 7 月，果期 7 ~ 9 月。

生　　境： 沙丘、山坡及草原。寄生于蒿属植物根上。

地理分布： 吉林西部、内蒙古、河北、山西、陕西、甘肃、青海和新疆。

资源利用： 药用（补肾助阳、强筋骨）。

菊科 Compositae

蓍属

 蓍 *Achillea millefolium*

别　　名：千叶蓍

英 文 名：Common yarrow, Common milfoil

形态特征：多年生草本。具细的匍匐根茎。茎直立，高 40 ~ 100 厘米，有细条纹，通常被白色长柔毛。叶无柄，二至三回羽状全裂。头状花序多数，密集成复伞房状；总苞片 3 层，覆瓦状排列，中脉凸起，棕色或淡黄色。边花 5 朵；舌片近圆形，白色、粉红色或淡紫红色。瘦果矩圆形，无冠状冠毛。花果期 7 ~ 9 月。

生　　境：庭院、路边。

地理分布：新疆、内蒙古、黑龙江、吉林、辽宁。本区有栽培。

资源利用：观赏，芳香油。

顶羽菊属

顶羽菊 *Acroptilon repens*

别　　名：苦蒿、苦艾

英 文 名：Hardheads, Creeping acroptilon

形态特征：多年生草本，高 25 ~ 70 厘米。
根直伸。茎单生，或少数茎成簇
生，直立，自基部分枝，全部茎
枝被蛛丝毛。全部茎叶质地稍坚
硬，边缘全缘，无锯齿或具少数
不明显的细尖齿，两面灰绿色，
被稀疏蛛丝毛或脱毛。植株含多
数头状花序。总苞片约 8 层。全
部小花两性，花冠粉红色或淡紫
色。瘦果淡白色。冠毛白色。花
果期 5 ~ 9 月。

生　　境：山坡、丘陵、平原、农田、
荒地。

地理分布：山西、河北、内蒙古、陕西、青
海、甘肃、新疆。

资源利用：药用（清热解毒、活血消肿）。

亚菊属

灌木亚菊 *Ajania fruticulosa*

英 文 名： Shrubby ajania

形态特征： 小半灌木，高 8 ~ 40 厘米。老枝麦秆黄色，花枝灰白色或灰绿色，被短柔毛。中部茎叶规则或不规则二回掌状或掌式羽状 3 ~ 5 分裂。中上部和中下部的叶掌状 3 ~ 4 全裂或有时掌状 5 裂，或全部茎叶 3 裂。头状花序小。总苞片 4 层。边缘雌花 5 个。花果期 6 ~ 10 月。

生　　境： 戈壁及石质荒漠、荒漠草原。

地理分布： 内蒙古、陕西、甘肃、青海、新疆、西藏。

资源利用： 水土保持。

牛蒡属

 牛蒡 *Arctium lappa*

英 文 名： Great burdock

形态特征： 二年生草本，具粗大的肉质直根。茎
直立，高达 2m，粗壮，通常带紫红
色或淡紫红色，有多数突起的条棱，
分枝多数，全部茎枝被稀疏的乳突
状短毛及长蛛丝毛并混杂以棕黄色的
小腺点。基生叶边缘具稀疏的浅波状
凹齿或齿尖。花序梗粗壮。总苞片多
层，多数；全部苞近顶端有软骨质钩
刺。小花紫红色。冠毛多层，浅褐
色。花果期 6～9 月。

生　　境： 林缘、灌木丛、村庄路旁或荒地。

地理分布： 全国广布。

资源利用： 药用（抗菌、调节血压）。

蒿属

黄花蒿 *Artemisia annua*

别　　名：	青蒿、臭蒿、黄蒿
英 文 名：	Sweet wormwood
形态特征：	一年生草本。植株有浓烈的挥发性香气。根单生，狭纺锤形；茎单生，高 100 ~ 200 厘米，有纵棱，幼时绿色，后变褐色或红褐色，多分枝。叶纸质；叶两面具细小脱落性的白色腺点及细小凹点，茎下部叶（三至四回）、中部叶（二至三回）、上部叶与苞片（一至二回）栉齿状羽状深裂。头状花序下垂或倾斜；花深黄色。花果期 8 ~ 11 月。
生　　境：	草原、干河谷、半荒漠及砾质坡地。
地理分布：	全国广布。
资源利用：	药用（解暑、截疟、凉血、利尿、健胃）。

艾 *Artemisia argyi*

别　　名：艾蒿、灸草、白艾、野艾
英 文 名：Chinese mugwort
形态特征：多年生草本或略成半灌木状。
　　　　　有浓烈香气。茎、枝、叶、
　　　　　外层中层苞片背面均被灰白色
　　　　　蛛丝状柔毛。茎单生或少数，
　　　　　高 80 ~ 250 厘米，有明显纵
　　　　　棱，褐色或灰黄褐色。叶厚纸
　　　　　质；基生叶具长柄，花期萎
　　　　　谢；茎下部叶羽状深裂；中部
　　　　　一（至二）回羽状深裂至半
　　　　　裂。雌花 6 ~ 10，紫色；两性
　　　　　花 8 ~ 12，檐部紫色。花果期
　　　　　7 ~ 10 月。
生　　境：荒地、路旁河边及山坡。
地理分布：全国广布。
资源利用：药用（温经散寒、止血消炎、
　　　　　平喘止咳、抗过敏）。

沙蒿 *Artemisia desertorum*

别　　名：漠蒿、荒地蒿、荒漠蒿

英 文 名：Desert wormwood

形态特征：多年生草本。根状茎稍粗，短，半木质。茎单生或少数，高 30 ～ 70 厘米，具细纵棱；上部分枝，枝斜贴向茎端。叶纸质；茎下部叶与营养枝叶二回羽状全裂或深裂；中部一至二回羽状深裂；上部叶 3 ～ 5 深裂。头状花序卵球形或近球形；总苞片 3 ～ 4 层；雌花 4 ～ 8；两性花 5 ～ 10，不孕育。瘦果倒卵形或长圆形。花果期 8 ～ 10 月。

生　　境：草原、草甸、荒坡、砾质坡地、干河谷。

地理分布：华北、西北、东北、西藏。

资源利用：固沙。

龙蒿 *Artemisia dracunculus*

别　　名：狭叶青蒿、椒蒿、青蒿

英 文 名：Dracunculus wormwood

形态特征：半灌木状草本。茎多数，成丛，高 40 ~ 150 厘米，褐色或绿色，有纵棱，分枝多，斜向上。叶无柄，下部叶花期凋谢；中部叶线状披针形或线形，全缘。头状花序多数，近球形，斜展或略下垂，基部有线形小苞叶；总

苞片 3 层；雌花 6 ~ 10，花柱伸出花冠外，先端 2 叉；两性花 8 ~ 14，花柱短，上端棒状，2 裂，不叉开。花果期 7 ~ 10 月。

生　　境：山坡、草原、半荒漠草原、路旁、干河谷及盐碱滩附近。

地理分布：西北、华北、东北。

资源利用：饲用，食用。

冷蒿 *Artemisia frigida*

别　　名：白蒿、寒地蒿

英 文 名：Fringed sagebrush

形态特征：多年生草本，或略呈半灌木状。主根木质化；根状茎粗短，有多条营养枝，密生营养叶。茎直立，高 30 ~ 70 厘米，上部分枝，枝短；全株密被淡灰黄色或灰白色短茸毛。茎下部叶与营养枝叶二（至三）回羽状全裂；中部叶一至二回羽状全裂；上部叶与苞片叶羽状全裂或 3 ~ 5 全裂。雌花 8 ~ 13；两性花 20 ~ 30。花果期 7 ~ 10 月。

生　　境：草原、荒漠草原及干旱与半干旱地区的山坡、路旁、固定沙丘、戈壁、高山草甸。

地理分布：东北、西北、华北广布。

资源利用：饲用，药用（止痛、消炎）。

盐蒿 *Artemisia halodendron*

别　　名：差不嘎蒿、褐沙蒿

英 文 名：Saltliving wormwood

形态特征：小灌木。主根粗，侧根多，均木质；根状茎粗大，木质；地上茎高 50 ~ 80 厘米，纵棱明显，上部红褐色，下部茶褐色；自基部开始分枝，枝多而长，常与木质化的营养枝共组成密丛。茎下部叶与营养枝叶二回羽状全裂；中部一至二回羽状全裂；上部叶与苞片叶 3 ~ 5 全裂或不分裂，无柄。头状花序多数，直立；总苞片 3 ~ 4 层；雌花 4 ~ 8；两性花 8 ~ 15。花果期 7 ~ 10 月。

生　　境：半固定沙丘和流动沙丘的迎风坡。

地理分布：东北。本区有栽培。

资源利用：饲用，防风固沙。

臭蒿 *Artemisia hedinii*

别　　名：牛尾蒿

英 文 名：Hedin's wormwood

形态特征：一年生草本。植株有浓烈臭味。根单一、垂直。茎单生，高 15～100 厘米，紫红色，具纵棱，不分枝。叶背面微被短柔毛；基生叶多数，密集成莲座状，二回栉齿状羽状分裂；茎下部与中部叶二回栉齿状羽状分裂；上部叶渐小。头状花序半球形；总苞片 3 层，内、外层边缘紫褐色或深褐色；两性花 15～30，檐部紫红色。花果期 7～10 月。

生　　境：草地、河滩、砾质坡地、田边、路旁、林缘。

地理分布：内蒙古、甘肃、青海、新疆等。

资源利用：药用。

黑沙蒿 *Artemisia ordosica*

别　　名：油蒿、沙蒿、鄂尔多斯蒿

英 文 名：Ordos wormwood

形态特征：小灌木。根状茎粗壮。茎多数，高 50 ~ 100 厘米，茎皮老时常呈薄片状剥落，分枝多，老枝暗灰白色或暗灰褐色，当年生枝紫红色或黄褐色，茎、枝常组成大的密丛。叶黄绿色，半肉质；茎下部叶一至二回羽状全裂；中部一回羽状全裂；上部叶 5 或 3 全裂，无柄。头状花序多数；总苞片 3 ~ 4 层；雌花 10 ~ 14。瘦果倒卵形。花果期 7 ~ 10 月。

生　　境：流动与半流动沙丘或固定沙丘上，干草原与干旱坡地。

地理分布：华北、西北。

资源利用：固沙，饲用，药用（消炎、止血、祛风、清热）。

猪毛蒿 *Artemisia scoparia*

别　　名：北茵陈、白蒿、土茵陈、臭蒿

英 文 名：Red stem wormwood

形态特征：多年生草本。植株有浓烈的香气。根状茎粗短，半木质或木质，枝上密生叶。茎通常单生，高 40 ~ 130 厘米，红褐色或褐色，有纵纹；常自下部开始分枝。叶两面被灰白色绢质柔毛。茎下部叶二至三回羽状全裂；中部叶一至二回羽状全裂；茎上部叶与分枝上叶及苞片叶 3 ~ 5 全裂或不分裂。球形头状花序；总苞片 3 ~ 4 层。花果期 7 ~ 10 月。

生　　境：山坡、林缘、路旁、草原、黄土高原、荒漠边缘地区。

地理分布：全国广布。

资源利用：药用（清肺利咳）。

内蒙古旱蒿 *Artemisia xerophytica*

别　　名：旱蒿、小砂蒿

英 文 名：Mongolian wormwood

形态特征：小灌木状。主根粗大，木质，垂直，侧根多；根状茎粗短，有多数营养枝。茎多数，丛生，木质或下部木质，棕黄色或褐黄色，纵棱明显；上部分枝多，枝细长。叶小，半肉质，干时质硬，两面被灰黄色短茸毛；基生叶与茎下部叶二回羽状全裂。头状花序近球形；花序托具白色托毛；两性花花冠管状。瘦果倒卵状长圆形。花果期 8 ~ 10 月。

生　　境：戈壁、半荒漠草原及半固定沙丘。

地理分布：内蒙古、陕西、宁夏、甘肃、青海及新疆。

资源利用：防风固沙，饲用。

紫菀木属

中亚紫菀木 *Asterothamnus centraliasiaticus*

英 文 名：Central Asian asterothamnus

形态特征：多分枝半灌木，高20～40厘米。茎多数，簇生，下部多分枝，直立或斜升，基部木质。叶边缘反卷，具1明显的中脉，下面被灰白色卷曲密茸毛。头状花序较大，在茎枝顶端排成伞房花序；总苞片3～4层，紫红色，具1条紫红色或褐色的中脉。外围有7～10朵开展淡紫色舌状花；中央两性花11～12，花冠管状，黄色。瘦果长圆形，具小环；冠毛白色。花果期7～9月。

生　　境：草原或荒漠。

地理分布：青海、甘肃、宁夏和内蒙古。

资源利用：固土保水，饲用。

短舌菊属

星毛短舌菊 *Brachanthemum pulvinatum*

英 文 名： Stellatehair brachanthemum

形态特征： 小半灌木，高 15 ～ 45 厘米。根粗壮，木质化。自根头顶端发出多数的木质化的枝条。老枝灰色、扭曲；幼枝浅褐色。除老枝外，全株及叶、中外层苞片均被稠密贴伏的尘状星状花。叶 3 ～ 4 ～ 5 掌状、掌式羽状或羽状分裂；裂片线形。花序下部的叶明显 3 裂。头状花序单生或枝生 3 ～ 8 个头状花序；舌状花黄色，7 ～ 14，舌片顶端具 2 微尖齿。花果期 7 ～ 9 月。

生　　境： 干旱山坡或戈壁滩。

地理分布： 宁夏、甘肃、新疆东部及青海。

资源利用： 水土保持。

小甘菊属

小甘菊 *Cancrinia discoidea*

形态特征：二年生草本，主根细。茎自基部分枝，直立或斜升，被白色绵毛。叶灰绿色，被白色棉毛至几无毛，叶片长圆形或卵形，二回羽状深裂；叶柄长，基部扩大。头状花序单生，但植株有少数头状花序；总苞片 3～4 层，草质；花托明显凸起，锥状球形；花黄色；冠状冠毛长约 1 毫米，膜质，5 裂，分裂至中部。花果期 4～9 月。

生　　境：山坡、荒地和戈壁。

地理分布：甘肃、新疆和西藏。

飞廉属

丝毛飞廉 *Carduus crispus*

别　　名：飞廉

英 文 名：Curly bristlethistle

形态特征：二 年 生 或 多 年 生 草 本，高
40 ~ 150 厘米。茎直立，有条
棱，不分枝或最上部有分枝。下
部茎叶羽状深裂或半裂，边缘有
三角形刺齿；全部茎叶下面灰绿
色或浅灰白色，被蛛丝状薄棉
毛，两侧沿茎下延成茎翼。茎翼
齿裂及茎叶刺齿的齿顶及齿缘或
浅褐色具或淡黄色的针刺。小花
红色或紫色。冠毛多层，白色或
污白色。花果期 4 ~ 10 月。

生　　境：山坡草地、田间、荒地河旁及
林下。

地理分布：全国广布。

资源利用：蜜源，药用（散瘀止血、清热
利湿）。

蓟属

刺儿菜 *Cirsium setosum*

别　　名：大蓟、小蓟、大刺儿菜

英 文 名：Setose thistle

形态特征：多年生草本。茎直立，高 30 ～ 80 ～ 120
　　　　　厘米，上部有分枝。基生叶和中部茎叶
　　　　　通常无叶柄，上部茎叶渐小，叶缘有细
　　　　　密的针刺，针刺紧贴叶缘。头状花序单
　　　　　生于茎端，或若干头状花序在茎枝顶端
　　　　　排成伞房花序。总苞片约 6 层，苞片有
　　　　　短针刺。小花紫红色或白色。瘦果淡黄
　　　　　色。冠毛刚毛长羽毛状，污白色，整体
　　　　　脱落。花果期 5 ～ 9 月。

生　　境：山坡、河旁或荒地、田间。

地理分布：全国广布。

资源利用：食用，药用（凉血止血、祛瘀消肿、调
　　　　　节血压）。

白酒草属

小蓬草 *Conyza canadensis*

别　　名：加拿大蓬、飞蓬、小飞蓬

英 文 名：Canadian horseweed

形态特征：一年生草本。根纺锤状，具纤维状根。茎直立，圆柱状，多少具棱，有条纹，被疏长硬毛，上部多分枝。叶密集，基部叶花期常枯萎，下部叶倒披针形。头状花序多数，小，排列成顶生多分枝的大圆锥花序；总苞片淡绿色，线状披针形或线形，顶端渐尖；花托平，具不明显的突起；雌花多数，舌状，白色；两性花淡黄色，花冠管状。瘦果线状披针形，被贴微毛。花期 5 ~ 9 月。

生　　境：旷野、荒地、田边和路旁。

地理分布：南北各地均有分布。

资源利用：饲用，药用（全草入药，消炎止血、祛风湿、治疗血尿、水肿、肝炎、胆囊炎、小儿头疮等症）。

还阳参属

弯茎还阳参 *Crepis flexuosa*

英 文 名： Flexuose hawksbeard

形态特征： 多年生草本，高 3～30 厘米。根垂直直伸。茎自基部分枝，基部带红色，分枝铺散或斜升。全部茎枝无毛，被多数茎叶。基生叶及下部茎叶羽状裂，侧裂片 3～5 对，对生或偏斜互生，青绿色。头状花序在茎枝顶端排成伞房或团伞状花序。总苞片 4 层。舌状小花黄色。瘦果纺锤状，有 11 条等粗纵肋。花果期 6～10 月。

生　　境： 山坡、河滩草地、河滩卵石地、冰川河滩地、水边沼泽地。

地理分布： 内蒙古、山西、宁夏、甘肃、青海、新疆等。

资源利用： 饲用。

蓝刺头属

砂蓝刺头 *Echinops gmelini*

别　　名：火绒草

英 文 名：Gmelin's globethistle

形态特征：一年生草本，高 10 ~ 90 厘米。茎单生，淡黄色，茎枝被稀疏的头状具柄的长或短腺毛。下部茎叶基部扩大，抱茎，边缘具刺齿或三角形刺齿裂或刺状缘毛；中上部茎叶与下部茎叶同形但渐小。全部叶质地薄，纸质。复头状花序单生于茎枝顶端。苞片 16 ~ 20。小花蓝色或白色。花果期 6 ~ 9 月。

生　　境：山坡砾石地、黄土丘陵、荒漠草原及河滩沙地。

地理分布：东北、西北、山西、河北、河南等。

资源利用：饲用，根药用（清热解毒、消臃肿、通乳）。

牛膝菊属

牛膝菊 *Galinsoga parviflora*

别　　名： 辣子草、向阳花、珍珠草、铜锤草

形态特征： 一年生草本。茎纤细，不分枝或自基部分枝，全部茎枝被疏散或上部稠密的贴伏短柔毛和少量腺毛，茎基部和中部花期脱毛或稀毛。叶对生，卵形或长椭圆状卵形，基出三脉或不明显五出脉。头状花序半球形，多数在茎枝顶端排成疏松的伞房花序。总苞半球形或宽钟状；总苞片白色，膜质。瘦果黑色或黑褐色，常压扁，被白色微毛。舌状花冠毛毛状，脱落；管状花冠毛膜片状，白色，披针形，边缘流苏状。花果期 7～10 月。

生　　境： 林下、河谷地、荒野、河边、田间、溪边或市郊路旁。

地理分布： 四川、云南、贵州、西藏等。

资源利用： 全草药用（有止血、消炎之功效，对外伤出血、扁桃体炎、咽喉炎、急性黄疸型肝炎有一定的疗效）。

向日葵属

菊芋 *Helianthus tuberosus*

别　　名：洋羌、番羌、洋姜

英 文 名：Jerusalem artichoke

形态特征：多年生草本，高 1 ~ 3 米。有块状的地下茎及纤维状根。茎直立，有分枝，被白色短糙毛或刚毛。叶通常对生，但上部叶互生；下部叶有长柄，上部叶基部渐狭，下延成短翅状。头状花序较大，单生于枝端，有 1 ~ 2 个线状披针形的苞叶，直立，总苞片背面被短伏毛。舌状花通常12 ~ 20，舌片黄色；管状花花冠黄色。花期 8 ~ 9 月。

地理分布：广泛栽培。

资源利用：食用，观赏，药用（清热凉血、接骨）。

狗娃花属

阿尔泰狗娃花 *Heteropappus altaicus*

别　　名：阿尔泰紫菀

英 文 名：Herb of altai heteropappus

形态特征：多年生草本。有横走或垂直的根。茎直立，高 20 ～ 100 厘米。基部叶在花期枯萎；下部叶全缘或有疏浅齿；上部叶渐狭小；全部叶两面或下面被粗毛或细毛，常有腺点。头状花序单生于枝端或排成伞房状。总苞片 2 ～ 3 层，背面或外层全部草质，被毛，常有腺。舌状花约 20；舌片浅蓝紫色。瘦果扁。冠毛污白色或红褐色。花果期 5 ～ 9 月。

生　　境：草原、荒漠地、沙地及干旱山地。

地理分布：北方地区广布。

资源利用：观赏，水土保持。

河西菊属

 河西菊 *Hexinia polydichotoma*

别　　名： 鹿角草

英 文 名： Thin leaf glossogyne

形态特征： 多年生草本，高 15 ~ 50 厘米。自根茎发出多数茎。茎自下部起多级等二叉状分枝，形成球状，全部茎枝无毛。基生叶与下部茎叶少数，线形，革质，无柄，基部半抱茎。头状花序极多数，单生于末级等二叉状分枝末端，含 4 ~ 7 枚舌状小花。总苞片 2 ~ 3 层。舌状小花黄色。瘦果淡黄色至黄棕色。冠毛白色，基部连合成环，整体脱落。花果期 5 ~ 9 月。

生　　境： 沙地边缘、沙丘间低地、戈壁冲沟及沙地田边。

地理分布： 甘肃、新疆。

资源利用： 固沙，观赏，盐碱地改良。

旋覆花属

蓼子朴 *Inula salsoloides*

别　　名：沙地旋覆花、黄喇嘛

英 文 名：Salsola-like inula

形态特征：亚灌木。地下茎分枝长，横走，木质。茎基部有密集的长分枝，中部以上有较短的分枝，被白色基部常疣状的长粗毛。叶全缘，基部常心形或有小耳，半抱茎，稍肉质。头状花序单生于枝端。总苞片 4 ~ 5 层，黄绿色。舌状花浅黄色。冠毛白色。瘦果，被腺和疏粗毛。花期 5 ~ 8 月，果期 7 ~ 9 月。

生　　境：干旱草原，戈壁滩地、流沙地、固定沙丘，黄土高原的风沙地和丘陵顶部。

地理分布：新疆、内蒙古、青海、甘肃、陕西等。

资源利用：固沙。

小苦荬属

中华小苦荬 *Ixeridium chinense*

别　　名： 小苦苣、黄鼠草、山苦荬

英 文 名： Chinese ixeris

形态特征： 多年生草本，高5～47厘米。茎直立单生或少数茎成簇生，上部伞房花序状分枝。基生叶基部渐狭成有翼的柄，全缘，不分裂，茎生叶2～4，全缘，基部扩大，明显或不明显的耳状抱茎；全部叶两面无毛。含舌状小花21～25。总苞圆柱状。舌状小花黄色，干时带红色。瘦果褐色，有10条高起的钝肋。冠毛白色。花果期1～10月。

生　　境： 山坡路旁、田野、河边灌丛或岩石缝隙。

地理分布： 大部分地区均有分布。

资源利用： 饲用，药用（清热解毒、消肿排脓、凉血止血、调节血压）。

苓菊属

蒙疆苓菊 *Jurinea mongolica*

英 文 名: Mongolian jurinea

形态特征: 多年生草本,高 8 ～ 25 厘米。茎坚挺,通常自下部分枝,茎枝灰白色或淡绿色。基生叶长椭圆状披针形,柄基扩大,叶片羽状深裂、浅裂,裂片边缘全缘,反卷;茎生叶基部无柄,然小耳状扩大。头状花序单生于枝端。总苞绿色或黄绿色,苞片质地坚硬,革质,外面有黄色小腺点及稀疏蛛丝毛。花冠红色。瘦果有 2 ～ 4 根超长的冠毛刚毛。花期 5 ～ 8 月。

生　　境: 戈壁、沙地。

地理分布: 新疆东北部、甘肃西部、内蒙古西部、宁夏北部及陕西北部。

资源利用: 药用(止血)。

花花柴属

花花柴 *Karelinia caspia*

别　　名：胖姑娘

英 文 名：Caspian sea karelinia

形态特征：多年生草本，高 50 ～ 150 厘米。茎粗壮，直立，多分枝，圆柱形，中空，被密糙毛或柔毛，老枝有疣状突起。叶有圆形或戟形的小耳，抱茎，全缘，质厚，两面被短糙毛。头状花序 3 ～ 7 个生于枝端。总苞片约 5 层。小花黄色或紫红色；雌花花冠丝状；两性花花冠细管状。冠毛白色；果圆柱形，有 4 ～ 5 纵棱，无毛。花期 7 ～ 9 月，果期 9 ～ 10 月。

生　　境：盐碱地、戈壁滩、沙丘和苇地。

地理分布：青海、内蒙古、新疆、甘肃等。

资源利用：饲用。

乳苣属

乳苣 *Mulgedium tataricum*

别　　名：鞑靼山莴苣、蒙山莴苣、苦菜

英 文 名：Common mulgedium

形态特征：多年生草本，高 15 ~ 60 厘米。通体具乳汁、无毛。茎直立，有细条棱或条纹。中下部茎叶羽状浅裂或边缘有大锯齿；向上的叶与中部茎叶同形但渐小。全部叶质地稍厚。头状花序约含 20 枚小花。总苞片 4 层，带紫红色。舌状小花紫色或紫蓝色，管部有白色短柔毛。瘦果灰黑色。冠毛 2 层，白色。花果期 6 ~ 9 月。

生　　境：河滩、湖边、草甸、田边、固定沙丘或砾石地。

地理分布：东北、华北、西北广布。

资源利用：饲用，食用。

蝟菊属

火媒草 *Olgaea leucophylla*

别　　名：鳍蓟

英 文 名：Whiteleaf olgaea

形态特征：多年生草本，高 15 ~ 80 厘米。根粗壮。茎直立，粗壮，全部茎枝及叶灰白色，被稠密的蛛丝状茸毛。基部及中部茎叶裂片及刺齿顶端及边缘有褐色或淡黄色的针刺。茎叶沿茎下延成茎翼，翼缘有大小不等的刺齿。头状花序多数或少数单生茎枝顶端，总苞片多层；小花紫色或白色。瘦果长椭圆形。冠毛浅褐色，多层。花果期 5 ~ 10 月。

生　　境：山坡草地、田间、荒地河旁。

地理分布：黑龙江、吉林、辽宁、内蒙古、山西、宁夏、陕西及甘肃。

资源利用：固沙，水土保持。

刺疙瘩 *Olgaea tangutica*

别　　名：青海鳍蓟

形态特征：多年生草本，高 20 ～ 100 厘米。无明显主根，不定根多数。茎单生或 2 ～ 3 条茎成簇生，被稀疏蛛丝毛，基部被密厚的棕色的纤维状撕裂的柄基，通常有长分枝。全部叶及茎翼质地坚硬，革质，两面异色，上面绿色，无毛，有光泽，下面灰白色，被密厚的茸毛。头状花序单生枝端，疏松排列，不成明显的伞房花序，或 4 ～ 5 朵集生于茎端。总苞片多层，多数；小花紫色或蓝紫色。瘦果楔状长椭圆形。冠毛多层，褐色或浅土红色。花果期 6 ～ 9 月。

生　　境：山坡、山谷灌丛或草坡、河滩地及荒地或农田中。

地理分布：甘肃、陕西、河北、内蒙古。

风毛菊属

裂叶风毛菊 *Saussurea laciniata*

英 文 名： Cutleaf saw-wort

形态特征： 多年生草本。茎直立，高 15 ~ 50
厘米，基部有褐色的纤维状撕裂
的叶柄残迹，有具尖齿的狭翼，
自基部分枝，被稀疏的短柔毛。
基生叶有叶柄，柄基鞘状扩大，
叶片二回羽状深裂，一回侧裂片
5 ~ 10 对，互生或对生；叶质
地厚，两面被稀疏的短柔毛和黄
色的小腺点。头状花序在茎枝顶
端呈伞房花序状排列。小花红紫
色。瘦果圆柱状，深褐色，冠毛
白色。花果期 7 ~ 8 月。

生　　境： 荒漠草原及盐碱地。

地理分布： 内蒙古、宁夏、甘肃、新疆。

资源利用： 蜜源植物。

倒羽叶风毛菊 *Saussurea runcinata*

别　　名：碱地风毛菊

英文名：Runcinate saussurea

形态特征：多年生草本。茎直立，高（5）15 ~ 60厘米。基生叶及下部茎叶有叶柄，柄基扩大半抱茎，羽状或大头羽状深裂或全裂；中上部茎叶渐小，不分裂，无柄。头状花序在茎枝顶端排成伞房花序或伞房圆锥花序。钟状总苞4 ~ 6层总苞片。小花紫红色。瘦果圆柱状，黑褐色。冠毛淡黄褐色，2层，外层短，内层长。花果期7 ~ 9月。

生　　境：河滩潮湿地、盐碱地、盐渍低地、沟边石缝中。

地理分布：黑龙江、吉林、辽宁、内蒙古、山西、陕西、宁夏。

资源利用：蜜源植物。

鸦葱属

蒙古鸦葱 *Scorzonera mongolica*

别　　名： 羊角菜、羊犄角

英文名： Mongolian scorzonera

形态特征： 多年生草本，高5～35厘米。根垂直直伸。茎多数，直立或铺散，全部茎枝灰绿色，上部有少数分枝。基生叶柄基鞘状扩大；茎生叶无柄，互生或对生；叶灰绿色，离基3出脉。头状花序单生或2朵生于茎端，含19朵舌状小花。总苞片4～5层。舌状小花黄色，偶见白色。瘦果圆柱状，淡黄色。冠毛白色，羽毛状。花果期4～8月。

生　　境： 盐化草甸、盐化沙地、盐碱地、干湖盆、湖盆边缘、草滩及河滩地。

地理分布： 陕西、宁夏、甘肃、青海、新疆等。

资源利用： 饲用。

帚状鸦葱 *Scorzonera pseudodivaricata*

英 文 名： Virgate serpent root

形态特征： 多年生草本，高 7～50 厘米。茎自中部以上分枝，呈帚状；茎基被纤维状撕裂的残鞘。叶互生或植株含有对生的叶序，线形；基生叶基部鞘状扩大，半抱茎，茎生叶渐短。头状花序多数，单生于茎枝顶端，含 7～12 朵舌状小花。总苞片约 5 层。舌状小花黄色。瘦果圆柱状，初时淡黄色，后黑绿色。冠毛污白色。花果期 5～8（10）月。

生　　境： 荒漠砾石地、干山坡、石质残丘、戈壁和沙地。

地理分布： 陕西、宁夏、甘肃、青海、新疆。

资源利用： 饲用。

苦苣菜属

苣荬菜 *Sonchus arvensis*

别　　名： 甜苣荬、野苦菜、野苦荬

英 文 名： Field sow thistle

形态特征： 多年生草本。茎直立，高 30 ~ 150 厘米，有细条纹。基生叶多数，与中下部茎叶全羽状或倒向羽状深裂、半裂或浅裂；上部茎叶小或极小；全部叶基部渐窄成长或短翼柄，但中部以上茎叶无柄，基部圆耳状扩大半抱茎。总苞片 3 层，外面沿中脉有 1 行头状具柄的腺毛。舌状小花多数，黄色。瘦果长椭圆形。冠毛白色。花果期 1 ~ 9 月。

生　　境： 山坡草地、林间草地、潮湿地或近水旁、村边或河边砾石滩。

地理分布： 西北、华北、东北、西南。

资源利用： 食用，药用（抗菌、降血压等作用）。

苦苣菜 *Sonchus oleraceus*

别　　名：滇苦荬菜、苦菜、苦荬菜

英 文 名：Common sow thistle

形态特征：一年生或二年生草本。茎直立，单生，高 40 ～ 150 厘米，有纵条棱或条纹，不分枝或上部有短的伞房花序状或总状花序式分枝。基生叶羽状深裂；中下部茎叶羽状深裂或大头状羽状深裂，柄基圆耳状抱茎。头状花序少数。总苞片 3 ～ 4 层。舌状小花多数，黄色。瘦果褐色，压扁，冠毛白色。花果期 5 ～ 12 月。

生　　境：山谷林缘、林下或平地田间、空旷处。

地理分布：全国广布。

资源利用：食用，药用（祛湿、清热解毒）。

蒲公英属

 蒲公英 *Taraxacum mongolicum*

别　　名：蒙古蒲公英、黄花地丁
英 文 名：Mongolian dandelion
形态特征：多年生草本。叶具波状齿或羽状深裂，或倒向羽状深裂或大头羽状深裂，叶柄及主脉常带红紫色。花葶1至数个，上部紫红色，密被蛛丝状白色长柔毛；总苞钟状，淡绿色；总苞片2～3层，上部或先端紫红色；舌状花黄色，边缘花舌片背面具紫红色条纹。瘦果暗褐色；冠毛白色。花期4～9月，果期5～10月。

生　　境：山坡草地、路边、田野、河滩。
地理分布：黑龙江、吉林、陕西、甘肃、青海、四川等。
资源利用：食用，药用（清热解毒、利尿散结）。

婆罗门参属

黄花婆罗门参 *Tragopogon orientalis*

英 文 名： Yellow-flower salsify

形态特征： 二年生草本，高 30 ～ 90 厘米。根圆柱状，垂直直伸，根茎被残存的基生叶柄。茎直立，有纵条纹，无毛。基生叶及下部茎叶全缘或皱波状，基部宽，半抱茎。头状花序单生于茎顶或植株含少数头状花序，生于枝端。总苞圆柱状。总苞片 8 ～ 10，边缘狭膜质，基部棕褐色。舌状小花黄色。瘦果，褐色，有纵肋。冠毛淡黄色。花果期 5 ～ 9 月。

生　　境： 山地林缘及草地。

地理分布： 新疆、甘肃、内蒙古。

苍耳属

苍耳 *Xanthium sibiricum*

别　　名： 苍耳子、老苍子

英 文 名： Siberian cocklebur

形态特征： 一年生草本，高 20 ~ 90 厘米。根纺锤状。茎直立不分枝或少有分枝，下部圆柱形，上部有纵沟，被灰白色糙伏毛。叶近全缘，或有 3 ~ 5 不明显浅裂，三基出脉，脉上密被糙伏毛。雄性的头状花序球形，雄花多数；雌性的头状花序椭圆形，内层总苞片结合成囊状，外面有疏生的具钩状的刺。瘦果 2，倒卵形。花期 7 ~ 8 月，果期 9 ~ 10 月。

生　　境： 平原、丘陵、低山、荒野路边、田边。

地理分布： 全国广布。

资源利用： 苍耳种子可榨油，果实药用（散热、除湿、解毒）。

伞形科 Umbelliferae

柴胡属

北柴胡 *Bupleurum chinense*

别　　名：竹叶柴胡、韭叶柴胡
英 文 名：Chinese thorowax
形态特征：多年生草本，高 50 ~ 85 厘米。主根较粗大，棕褐色，质坚硬。茎表面有细纵槽纹，实心，上部多回分枝。基生叶基部收缩成柄；茎中部叶基部收缩成叶鞘抱茎。复伞形花序很多，花序梗常水平伸出；花 5 ~ 10；花瓣鲜黄色，上部向内折，顶端 2 浅裂。果广椭圆形，棕色。花期 9 月，果期 10 月。

生　　境：向阳山坡路边、岸旁或草丛。
地理分布：全国广布。
资源利用：药用（解表和里、升阳、疏肝解郁）。

阿魏属

硬阿魏 *Ferula bungeana*

别　　名：沙茴香、野茴香

英 文 名：Ferula

形态特征：多年生草本，高 30 ~ 60 厘米。植株被密集的短柔毛，蓝绿色。茎细，单一，从下向上二至三回分枝，下部枝互生，上部枝对生或轮生。基生叶莲座状，叶柄基部扩展成鞘；二至三回羽状全裂；茎生叶少，向上简化，叶片一至二回羽状全裂。复伞形花序生于枝和小枝顶端；萼齿卵形；花瓣黄色。分果果棱突起。花期 5 ~ 6 月，果期 6 ~ 7 月。

生　　境：沙丘、沙地、戈壁滩冲沟及砾石质山坡。

地理分布：黑龙江、吉林、辽宁、内蒙古、河北、河南、山西、陕西、甘肃、宁夏等。

资源利用：根药用（清热解毒、消肿止痛、养阴清肺、祛痰止咳）。

防风属

防风 *Saposhnikovia divaricata*

别　　名：北防风、关防风

英 文 名：Divaricate saposhnikovia

形态特征：多年生草本，高 30 ~ 80 厘米。根细长圆柱形，淡黄棕色。根头处被有纤维状叶残基。茎单生，自基部分枝较多，斜上升，与主茎近等长，基生叶丛生，有扁长的叶柄和宽叶鞘。叶片二回或近三回羽状分裂。茎生叶与基生叶相似，但较小。复伞形花序多数；小伞形花序有花 4 ~ 10；花瓣倒卵形，白色。花期 8 ~ 9 月，果期 9 ~ 10 月。

生　　境：草原、丘陵、多砾石山坡。

地理分布：黑龙江、吉林、辽宁、内蒙古、宁夏、甘肃、陕西等。

资源利用：根药用（发汗、祛痰、祛风、镇痛）。

迷果芹属

迷果芹 *Sphallerocarpus gracilis*

英文名： Thin losefruit

形态特征： 多年生草本，高 50 ~ 120 厘米。根块状或圆锥形。茎多分枝，下部密被或疏生白毛，上部无毛或近无毛。茎生叶二至三回羽状分裂；叶柄基部有棕褐色阔叶鞘。复伞形花序顶生和侧生；小总苞片通常 5，边缘膜质，有毛；小伞形花序有花 15 ~ 25；萼齿细小；花瓣倒卵形。果实椭圆状长圆形，背部有 5 条突起的棱，棱槽内油管 2 ~ 3，合生面 4 ~ 6。花果期7 ~ 10 月。

生　　境： 村旁、路边、荒地、半固定沙地及沙丘低地。

地理分布： 东北、河北、甘肃、青海、新疆等。

主要参考文献

冯虎元，潘建斌 . 2016. 中国常见植物野外识别手册：祁连山册 . 北京：商务印书馆 .

甘肃安西极旱荒漠国家级自然保护区管理局 . 2014. 甘肃安西极旱荒漠国家级自然保护区三期综合科考报告 . 兰州：甘肃人民出版社 .

甘肃植物志编辑委员会 . 2005. 甘肃植物志 . 兰州：甘肃科学技术出版社 .

贾恢先，孙学刚 . 2005. 中国西北内陆盐地植物图谱 . 北京：中国林业出版社 .

刘瑛心等 . 1985 ～ 1992. 中国沙漠植物志 . 北京：科学出版社 .

卢琦，王继和，褚建民 . 2012. 中国荒漠植物图鉴 . 北京：中国林业出版社 .

张勇，冯起，高海宁，李鹏 . 2013. 祁连山维管植物彩色图谱 . 北京：科学出版社 .

张勇，刘贤德，李鹏，李彩霞 . 2001. 甘肃河西地区维管植物检索表 . 兰州：兰州大学出版社 .

赵一之，赵利清 . 2014. 内蒙古维管植物检索表 . 北京：科学出版社 .

中国科学院植物研究所编 . 1996. 新编拉汉英植物名称 . 北京：航空工业出版社 .

中国植物志编辑委员会 . 1959 ～ 2004. 中国植物志 . 北京：科学出版社 .

中文名索引

拉丁名及英文名称索引